U0123359

Café Brunch
星期天的料理時光

作　　者 | 鄭榮仙 Chung Young-Sun
譯　　者 | 陳冬雪 Tung Shueh

發 行 人 | 林隆奮 Frank Lin
社　　長 | 蘇國林 Green Su
總 編 輯 | 葉怡慧 Carol Yeh

出版團隊
企劃選書 | 張婉蓉 Vicky Chang
封面裝幀 | 戴玉菡 Daphne Dai

行銷統籌
業務主任 | 吳宗庭 Tim Wu
業務專員 | 蘇倍生 Benson Su
業務秘書 | 陳曉琪 Angel Chen
行銷企劃 | 朱韻淑 Vina Ju

發行公司 | 精誠資訊股份有限公司　悅知文化
105台北市松山區復興北路99號12樓
訂購專線 | (02) 2719-8811
訂購傳真 | (02) 2719-7980
專屬網址 | http://www.delightpress.com.tw
悅知客服 | cs@delightpress.com.tw
ISBN：978-986-6072-25-3
建議售價 | 新台幣320元
二版五刷 | 2012年1月

國家圖書館出版品預行編目資料

Café Brunch：星期天的料理時光／鄭榮仙著；
陳冬雪譯. -- 初版. -- 臺北市：精誠資訊, 2011.08
面；　公分
ISBN 978-986-6072-25-3(平裝)
1.食譜

427.1　　100013429

建議分類 | 生活風格．烹飪食譜

著作權聲明

本書之封面、內文、編排等著作權或其他智慧財產權均歸精誠資訊股份有限公司所有或授權精誠資訊股份有限公司為合法之權利使用人，未經書面授權同意，不得以任何形式轉載、複製、引用於任何平面或電子網路。

商標聲明

書中所引用之商標及產品名稱分屬於其原合法註冊公司所有，使用者未取得書面許可，不得以任何形式予以變更、重製、出版、轉載、散佈或傳播，違者依法追究責任。

版權所有　翻印必究

파란달의 카페 브런치 (Parandal's Café Brunch)
Copyright ©2009 by Chung Young-Sun (Parandal)
All rights reserved.
Original Korean edition published by SIGONGSA Co., Ltd. Seoul, Korea
Chinese(complex) Translation rights arranged with SIGONGSA Co., Ltd.
Chinese(complex) Translation Copyright ©2011 by SYSTEX Co., Ltd.
Through M.J. Agency, in Taipei.

本書若有缺頁、破損或裝訂錯誤，請寄回更換
Printed in Taiwan

Café Brunch
星期天的料理時光

本書所介紹的食譜份量大致上以兩人份為主，請依照實際人數加以調整。

在家中享受
專屬於自我的早午餐

這是件發生在西班牙的事。所謂的背包客之旅，就是所有的旅程都應該背著行囊，走在陌生的路途上。累到不成人形的我，一抵達宿舍，就將這個世界拋諸腦後地呼呼睡去，當我一睜開眼睛時，天色早已相當明亮了。正當我苦惱在這晚起的早晨，該怎麼解決我的早餐而外出時，正巧看見群聚於咖啡廳品嚐著早餐的人們。推著嬰兒車的夫婦、與好友暢談的人們、獨自閱讀報紙的人，他們趁著空閒點了西班牙式的蛋包薄餅（Tortilla），並搭配著燻火腿（Jamón）和乳酪的蕃茄橄欖油麵包（Pan con Tomate）。

番茄橄欖油麵包是在法國棍形麵包上塗抹些鹽、橄欖油和切開番茄來食用的簡易餐點。為什麼會這麼好吃呢？也許是因為伴隨著涼爽的微風及和煦的太陽，以及陌生的環境所感受到的自由早晨空氣。

雖然場所不同，但早午餐卻一直處於我們的身旁。早午餐（Brunch）是Breakfast和Lunch的合成語，由於少數店家收費過於昂貴，因此讓某些人產生距離感。Brunch這句話也帶有著異國的憧憬；若週末晚起床，打開冰箱卻一點吃的也沒有時，點些披薩或速食外送，雖然聽起來有點可憐，卻也不失算是一頓早午餐。與其將早午餐定義為用餐的一種，倒不如視為是介於早晨和中午之間的「時光」。

以「Brunch」作為本書主題，在設定菜單時，苦惱就立即隨之而來。因為是早上起床後吃的第一餐，因此，大多限定在雞蛋料理，或是一些簡易食用的餐點，所以，就加以調整了一下，設計出相較於早餐豐富，又稍比午餐輕食，而且以一個容器盛裝而成的份量。為了能充分享用到各式多元的餐點，最後還添加了沙拉、甜點和飲料食譜。跟著書籍step by step學習料理，與心愛的人共度美味的時光。

總是教導我要滿懷感恩的心，徹底吃完一餐飯的爸爸、媽媽；每當料理時，總不吝大力稱讚「最好吃」的丈夫；總是令人思念的弟妹們，以及選擇上這嶄新職涯時，鞭策聲援著我的朋友們；在網路遇見的好友們；讓我對於甜點大開眼界的Jean-Pierre和Colombier廚師；給予我機會去完成這本完美書籍的出版社，在此限上我無限的感謝。

Parandal

目錄

part 1. 11:00 am 簡單的早午餐

part 2. 1:00 pm 豐盛的午餐

part 3. 2:30 pm 甜美的午茶

part 4. 4:00 pm 香味四溢的一盞茶

part 5. 6:30 pm 輕食三明治

在開始之前

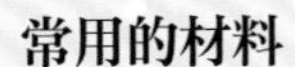

常用的材料

鮮奶油

大家經常分不清植物性鮮奶油（Fresh Cream）和動物性鮮奶油（Whipping Cream）的不同，本書所使用的鮮奶油是由100%牛奶和35~40%乳脂肪所製成的。購買時，務必仔細看清楚包裝上的標示成分，挑選不添加糖分與其他添加物的產品。

香草豆（Vanilla Bean）

香草豆一般通稱為「香草莢」，外觀細長，將籽挖出使用。雖然算是略微昂貴的食材，但只要一點點就能展現出截然不同的香味。最知名的產地為馬達加斯加山。

甜醋（Balsamic Vinegar）

將濃縮葡萄汁放進橡木桶內陳化所製作出的甜醋，其口感及香氣都相當豐富多元，通常與橄欖油混合後做為麵包沾醬，或是沙拉醬料。

第戎芥末醬（Dijon Mustard）、芥末籽醬（Wholegrain Mustard）

芥末醬原則上是在芥末籽內加入醋和糖，再混合其他材料製作而成的。第戎芥末醬是因為產於法國都市「第戎」而得名，口感辛辣帶刺，毫無甜味，是芥末醬中的高級品。芥末籽醬則如其名，有完整芥末顆粒，品嘗起來口感十足。

高湯塊

當料理中需要加入雞湯、牛肉高湯或蔬菜高湯等材料而感到困擾的時候，這種簡便的塊狀調味料就可派上用場了。不建議太常使用人工調味料，請適當的運用於必備高湯的料理中（高湯塊使用法請參閱第31頁）。

建議先熟悉的乳酪（起士）種類

帕馬森乳酪（Parmigiano Reggiano）

帕馬森乳酪原產於義大利帕瑪市的硬質乳酪，以其鹹味著名，大多會切片後食用。

愛曼塔乳酪（EMMENTAL）

原產於瑞士，特色是如核桃般的美味中略帶些彈性。卡通「Tom and Jerry（湯姆與傑利）」中經常出現佈滿坑洞的乳酪就是愛曼塔，也常用來製作極受歡迎的起士火鍋（Fondue）。

切達乳酪（Cheddar）

原產於英國，現在於世界各地皆有出產。夾在漢堡中的起士薄片就是利用切達乳酪加工製造而成。

義大利白乾酪（Mozzarella）

可說是世上最受喜愛的義大利生乳酪，以水牛乳或牛奶凝乳所製成。柔軟而黏稠的口感，通常會使用於沙拉中。

布里（Brie）、卡門貝爾乳酪（Camembert）

布里乳酪是法國產的軟質乳酪，帶有濃郁奶香，乳酪中心有如奶油般風味，口感綿密，被稱為乳酪中的女王。
卡門貝爾與布里相似，皆被白黴所覆蓋，隱隱散發出菇類的香氣。這也是拿破崙飲紅酒時喜愛搭配的乳酪，因而具有「拿破崙的愛人」這個暱稱。

如何購買本書介紹的各式烘焙工具與材料呢？

一般超市都有販售基本的烘焙工具與材料，若需要特殊的食材（如卡士達粉或蛋塔皮等）可至食品原料行與烘焙材料店購買，建議讀者透過網路尋找「烘焙材料」或「食品原料」等關鍵字，都能找到有用的資訊喔！

便利的料理工具

胡椒、鹽研磨罐（Pepper mill,Salt mill）

一般粉狀的胡椒粉和現磨胡椒，其香氣和美味著實是天差地遠。因此，若能準備一個研磨罐，就能品嚐到更美味的料理。

乳酪刨絲器（Cheese Grater）、刨絲器

吃沙拉或早午餐時，經常會切些乳酪，此時若有乳酪刨絲器會更便利，當然使用一般的刨絲器也可以。

柳橙、檸檬刨刀

當需要刨些柳橙或檸檬皮備用時，若不注意刨入了白色部分，口感就會變得苦澀。由於僅需些微的刨下表皮即可，因此，專用刨刀就顯得格外重要。

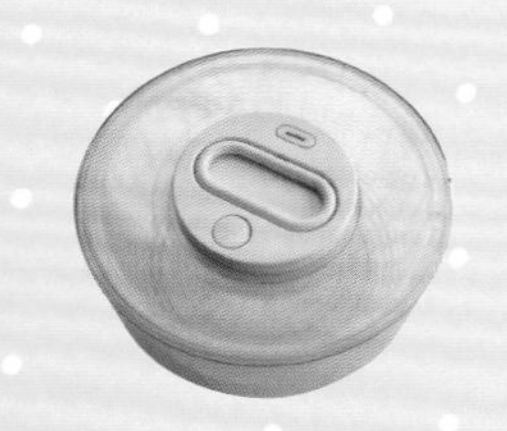

沙拉脫水器（Salad Spinner）

處理沙拉最基本也是最重要的一個步驟，就是去除蔬菜上的水氣。若想要親手製作沙拉時，沙拉脫水器是方便的料理小物。

量杯、量匙

量杯和量匙是絕對必備的工具。本食譜標示的1大匙=1湯匙（約15ml），1茶匙=1小匙（約5ml），可依此做判斷。

實用的料理小物商店

City super　www.citysuper.com.tw

香港頂級超市品牌，販售各式各樣的進口食材，SOGO天母館B1與復興館B3及遠企B1&B2皆有據點。此外，天母館設立了superlife culture club廚藝課程，以數百萬元打造的廚藝教室，西班牙頂級檯面，德國進口烤箱和電陶爐，法國的鑄鐵鍋、美國的調理機，以及日本的刀具等，滿足大都會顧客對生活品味的要求。

Jasons Super Market　www.jasons.com.tw

成立於新加坡，以進口多種國外精緻食材及商品著名，販售許多預拌食料、各式乳酪和堅果等食材，無論日本、東南亞或歐美食材都很齊全。

HANDS台隆手創館　www.hands.com.tw

有許多調理烘焙的器具，以及琳瑯滿目的雜貨，其中不乏讓人驚喜的小物藏匿其中。

DAISO 大創百貨　www.daiso.com.tw

來自日本的進口商品，通通只要39元，無論是廚房用品、食品、雜貨、禮品包裝等，應有盡有。

聯馥食品　www.gourmetspartner.com

代理PAVONI烘焙器具，也包括法國、義大利、西班牙、英國等歐美知名品牌產品，舉凡各式奶油、乳酪、香料、烘焙原料、松露製品等高級食材，擄獲廚師、饕客味蕾最極致的享受！

Breeze 微風超市　www.breezecenter.com

全台第一家頂級超市，搜羅許多頂級食材，產地直送的當季果物、歐洲葡萄酒，及芬蘭獨特風格的餐具等實用的食材超市。賣場內也有許多進口食材提供試吃服務，獲得顧客的好評。

新光三越　www.skm.com.tw

百貨商場可購得各式烹飪器材、鍋具與廚房家電，超市則有生鮮、調理食品、醬料等一應具全，而且可以買到許多日本進口的商品。

MUJI無印良品　www.muji.tw

販售各種烹理器具、餐桌織品、西式日式餐具，以及純天然原料製成的調味料與食品，建議到店內享受挑選的樂趣。

COSTCO 好市多　www.costco.com.tw

雖然有年費和大容量購買的限制，但能夠廉價購入各種乳酪、奶油和紅酒等，只要多來幾次，就以足夠抵繳年費，台灣也已有設立分店。

珍饈坊（Deli-Shop）　www.deli-shop.com.tw

為知名食品進口商元寶實業，針對喜愛料理美食的消費者所開設的實體商店，以歐洲進口精緻食材為主。並不定期開設西點與義大利料理課程。

Blue
moon
BRUNCH

part 1. 11:00 am 簡單的早午餐

晚起的週末早晨，就像電影中的主角般享用一頓早午餐吧！
在此，將公開極受歡迎的早午餐餐廳，
以及在家也能夠輕鬆完成的食譜。

美味的早午餐餐廳

雖然兩人絮絮私語的時光也相當美好，
但偶爾也不禁期待，與無法經常見面的朋友們，聚在一塊滔滔不絕的時刻。
「最近過得怎麼樣？妳變得好漂亮！現在仍跟他交往嗎？」
在長久積累的話題源源不絕釋放的同時，時光滴答滴答的流逝著，
我們所深愛的上午11點。

搭配濃郁醬汁的美味班尼迪克蛋
和甜美濕潤的香蕉可麗餅。

Oasis

近來，早午餐餐廳到處林立，但道地的卻寥寥可數。
就如同Oasis所說的，早午餐餐廳就像是個綠洲般的地方。
以「The Flying Pan」開業，手藝高超的兩姊妹手中展現出無數的美味餐點。
擁有經典的早午餐料理，從班尼迪克蛋乃至淋上巧克力醬，香甜可口的香蕉可麗餅都有。
現在，就盡情享用Oasis 的早午餐吧！

首爾市江南區清潭洞88-5 1樓，02-548-8859，am10:00~pm10:00，全年無休

Café高喜

漫步於幽靜的孝子洞巷內，
遇見如同已在那等待許久，有著黃色大門的Café高喜（Goghi）。
均勻灑落在每張桌面上的和煦陽光和一杯濃郁的咖啡，
烤得酥脆的吐司和
直接烘培麵包製成的羅勒青醬口味的墨魚帕尼尼。
令人再無所求的完美時光。
啊，如果我家門前也有一家該有多好，就可以每天前往了…

首爾市鍾路區昌成洞100，02-734-4907，am11:00~pm10:00

高喜｜A套餐

自製料理 麵包+沙拉+火腿+培根+西式炒蛋（Scrambled eggs）+馬鈴薯+美式咖啡

高喜｜三明治A套餐

自製料理 墨魚帕尼尼+羅勒青醬+半乾燥番茄+義大利白乾酪+美式咖啡

本月高喜的展示主題為各式各樣的「窗」。
間或感到些許孤單，又令人們感謝的窗；
風徐徐吹拂而來，深受大自然和花朵們喜愛地浪漫的窗；
恰如提姆波頓（Tim Burton）口吻般的字語，小說家的窗；
最近過於忙碌而疏於為花澆水地人們的窗。

在店內可觀賞每月更換的展覽

由服裝設計師友人精心繪製的杯飾圖案

高聳的高．喜悅的喜，
想成為一個給予人們滿滿喜悅
空間的Café—高喜。

淋上荷蘭酸醬的班尼迪克蛋

層次多元滑順的荷蘭酸醬（Hollandaise Sauce）遇上…
用手一碰就滑溜～恰似快要爆漿的水波蛋，
只要完美呈現出這兩項主要元素，
媳美Café的今日早午餐就出爐囉！

食材

英式馬芬（English Muffin，或稱英式鬆餅）2片
*也可用法國麵包或土司替代
火腿2片
雞蛋2顆
塗抹麵包的奶油些許
倒入水中的醋1小匙

荷蘭酸醬材料

蛋黃2顆
檸檬汁1小匙
水1小匙
奶油90克

美味提醒

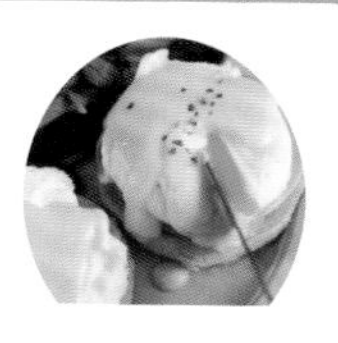

半熟的水波蛋製作方法

首先將水煮沸，加入1茶匙的醋使雞蛋容易凝固，再把蛋打在小碗中輕輕倒入水裡，開中火保持微沸狀態慢慢加熱。當蛋白凝固時，將蛋撈起，瀝乾水份即可完成。

何謂英式馬芬？

極具英國代表性的麵包，不同於普遍認為利用泡打粉（Baking Powder）發酵來製作的馬芬，改用酵母發酵所製成。因此與其他國家的馬芬所有區別，進而命名為英式馬芬。

荷蘭酸醬要趁熱吃喔！

班尼迪克蛋

料理方法

1 將英式馬芬對半切開，塗抹上薄薄一層奶油。

2 在鍋內將水煮沸，接著加入1茶匙的醋，小心將蛋打入水中煮2~3分鐘，詳細可參考美味提醒的說明。

3 利用微波爐或隔水加熱的方式將奶油化開備用。

4 在鍋內加入蛋黃、檸檬汁和水，放置瓦斯爐隔水加熱，同時使用打蛋器快速攪拌。

5 待步驟4的蛋液變濃後，將鍋子從水中取出，再倒入步驟3的奶油快速攪打。

6 在烤過的馬芬放上火腿和雞蛋(水煮荷包蛋)，同時淋些荷蘭酸醬，班尼迪克蛋（Eggs Benedict）就完成了。

搭配冰淇淋的莓果鬆餅

由如蜂窩狀凹凸不平的鬆餅滴落下的楓糖漿，
若再滿滿地加上我深愛的冰淇淋，
這就是Home Café。

食　材

雞蛋1顆
牛奶150克
鮮奶油30克
糖50克
麵粉150克
泡打粉（Baking Powder）1小匙
鹽1/4小匙
奶油30克
香蕉1條
冰淇淋2湯匙
各人喜好的莓果
（草莓、藍莓、覆盆子等）適量

料　理　方　法

1 將蛋打入碗中，充分打勻至無結塊。

2 加入牛奶、鮮奶油、糖和鹽，並充分拌勻。

3 將麵粉和泡打粉過篩加入，盡可能不產生結塊地攪拌至均勻。

4 將奶油隔水加熱或放進微波爐中融化，再加入麵糊中拌勻。

5 將步驟4的麵糊倒在鬆餅烤盤上，烘烤3-4分鐘。

6 將香蕉切成適當大小擺放在鬆餅上，再加上冰淇淋、草莓、藍莓等莓果作為裝飾。

美味提醒

該如何加些鮮奶油裝飾？

將鮮奶油100克和糖10克利用打蛋器攪打得較結實後，再用擠花袋或湯匙裝飾即可。

享用周末早晨的義式番茄烘蛋

義大利式Omelet Frittata
用菠菜、火腿、煙燻鮭魚等各式材料，
挑戰專屬自我的Frittata。

食　材

雞蛋3顆
鮮奶油（或牛奶）2大匙
義大利白乾酪末2大匙
已切碎的帕瑪森乳酪1大匙
塗抹於平底鍋上的奶油少許
吐司1片
洋蔥1/4顆
番茄1顆
沙拉用蔬菜
（菊苣、萵苣等）適量
各人喜好的菇類
（洋菇、松菇等）50克
橄欖油1小匙
鹽少許
胡椒粉少許

料　理　方　法

1 在菇類內灑入鹽、胡椒粉、橄欖油，稍微混合後備用。

2 洋蔥切成細長絲狀、番茄去籽切成每邊各1公分正方大小。

3 吐司放在烤麵包機或乾燥的平底鍋上烘烤，再切成小方塊。

4 將蛋在碗中打散加入鮮奶油、義大利白乾酪、帕瑪森乳酪後，充分拌勻。

5 開小火融化平底鍋內的奶油後，翻炒洋蔥，待洋蔥變透明後，加入調味過的菇類和番茄拌炒。

6 倒入步驟4的蛋液，用筷子戳刺，蛋略熟後蓋上鍋蓋，待熟透後，放上沙拉用的蔬菜和烘烤過的土司即可。

溫暖疲憊思慮的南瓜濃湯

有句西洋諺語：「陷入愛情的廚師湯匙很鹹」。
陷入愛河會使得感受鹹味的神經變得遲鈍，
若你正沉溺於愛情中，別忘了放鹽時要特別留意喔！

食　材

南瓜500克
洋蔥50克
奶油10克
雞湯（若無，可用水代替）1杯
牛奶1/2杯
鮮奶油1/2杯
咖哩粉1小匙
鹽1克

美味提醒

簡便的雞湯料理法？
使用市面上所販賣的雞湯塊。在鍋中倒入1公升水，加入洋蔥1/4顆、蒜3-4瓣，大蔥1條、雞湯塊1個熬煮，最後過篩濾掉雜質即可使用。

該如何在濃湯上描繪圖案呢？
使用鮮奶油，再利用湯柄在湯面上繪圖即可。

料　理　方　法

1 南瓜去皮切成塊狀，放入微波爐中微波約7分鐘或用蒸鍋蒸煮。

2 洋蔥切成四邊各0.5公分方塊，放入已融化奶油的平底鍋中翻炒至呈透明色澤。

3 在此加入南瓜翻炒，再加入雞湯和咖哩粉烹煮。

4 步驟3冷卻後，放入蔬果機內攪打，再次盛裝於鍋中。

5 倒入牛奶和鮮奶油熬煮，最後再加些鹽調味即完成。

輕食早餐 焗烤蛋盅

打開冰箱卻空無一物，
當眼前淨是日前吃剩的食材時，
別具巧思的媽媽，試著料理焗烤蛋吧！

食　材

雞蛋2顆
洋蔥1/4顆
火腿2片
洋菇3-4個
植物性沙拉油1大匙
塗抹於容器上的奶油少許
鹽少許
胡椒粉少許

料　理　方　法

1 將植物性沙拉油倒進平底鍋內，爆香切丁的洋蔥。

2 洋蔥炒至透明後，放入切片的洋菇和切丁的火腿一起拌炒，再加些鹽和胡椒粉調味。

3 使用焗烤杯（Ramekin）或烤箱容器，並於內側塗抹些奶油。

4 將拌炒過的食材填入容器約80%。

5 打一顆生蛋在最上面，再灑些鹽和胡椒粉，利用烤箱180度烘烤10分鐘至熟透後完成。

焗烤蛋盅（Egg Gratin）

西班牙式的馬鈴薯煎蛋捲

雖然沒有耀眼灑下的西班牙陽光，
也沒有輕拂過耳邊的西班牙微風，
今日早晨就選擇盛裝著滿滿昔日回憶的馬鈴薯煎蛋捲（Tortilla）…

食　材　（直徑20公分平底鍋的份量）

雞蛋5顆、洋蔥1顆、馬鈴薯（適中大小）2顆、牛奶2大匙、帕瑪森乳酪末1大匙（或鹽1/2小匙）、糖1小匙、植物性沙拉油適量、鹽少許、胡椒粉少許、菠菜少許

料　理　方　法

馬鈴薯皮下方富含維他命C，建議帶皮一起蒸煮。

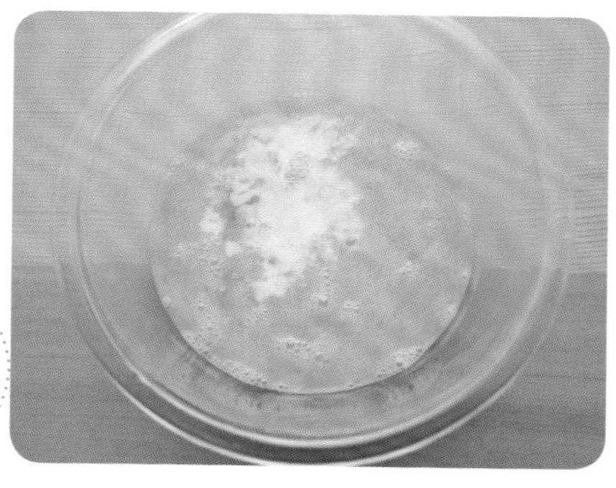

1 馬鈴薯去皮，切成約0.5公分的厚片。

2 充分的將蛋打散後，再加入牛奶、帕瑪森乳酪、糖、鹽、胡椒粉攪拌均勻。

3 洋蔥切絲放入預熱過且加入植物性沙拉油的平底鍋內翻炒至透明狀。

4 在鍋內依序倒入蛋液、洋蔥、馬鈴薯，再倒入蛋液，最後蓋上鍋蓋，以小火煮7-8分鐘至全熟。

清爽的鮮蝦蔬菜粥

麵包、麵包、麵包、
麵包雖然美味，偶然不禁懷念起吃飯的早晨。
對亞洲人而言，米飯果然還是最棒的。
一碗讓人倍感溫暖的粥。

食　材

米1杯
水6杯
*建議使用飲用水
蝦子80克
南瓜1/4顆
紅蘿蔔1/4條
香油1+1/2大匙
蒜末1/2小匙
醬油1大匙
鹽少許

料　理　方　法

1 將洗好的米泡在水中30分鐘。

2 蝦肉切成大塊，紅蘿蔔和南瓜則切成細丁。

3 在鍋內倒入1大匙的香油爆香蝦仁，然後放入紅蘿蔔翻炒。

4 放入泡好的米，翻炒至呈現透明狀時，倒入水熬煮。

5 充分的熬煮至米粒膨脹，加入南瓜丁和蒜末後，再次熬煮，最後利用醬油和鹽，以及先前留下的香油調味就完成了。

陳年葡萄酒醋和洋菇的邂逅

在木桶內發酵成熟的陳年葡萄醋，
是一種越吃越順口的醬料，
若與蜂蜜和菇類一同拌炒，
更不禁令人食指大動。

食　材

法國麵包6片、大蒜2瓣、塗抹於麵包上的食用油少許、奶油乳酪60克、各人喜好的菇類（洋菇、松菇等）150克、橄欖油1大匙、陳年葡萄酒醋1小匙、蜂蜜1小匙、鹽1/4小匙

料　理　方　法

美味提醒

何謂Crostini？

Crostini在義大利是指切片的法國麵包，不僅適合作為聚會餐點，用來當作款待客人的點心也毫不遜色。

1 塗抹薄薄一層橄欖油於切片的法國麵包上，放進烤箱以190度烘烤至酥脆金黃後，拿一瓣蒜頭對半切開，塗抹於麵包表面。

2 用餐巾紙拭去菇類表面的雜質，再切片或切成細長的形狀。

3 將橄欖油倒進鍋內，再將一瓣蒜頭切片爆香，接著把步驟2的菇類倒進翻炒，待顏色變得較深後，最後加入蜂蜜、陳年葡萄酒醋和鹽拌炒。

亦可使用瑞可塔乳酪替代奶油乳酪（瑞可塔乳酪的製造方法請參閱第233頁）

4 步驟3放涼後，在烘烤過的麵包塗抹上奶油乳酪（也稱奶油乾酪），再加上菇類即可。

配上楔形馬鈴薯的西式炒蛋

在忙碌的早晨中，深受家人愛戴的餐點。
平底鍋充分的熱鍋後，
利用筷子輕揮幾筆～就能快速完成。
那麼，請跟著料理看看吧！

食材

西式炒蛋
（Scrambled eggs）

雞蛋3顆
牛奶1大匙
鹽少許
胡椒粉少許
愛曼塔乳酪（或切達乳酪）1/4杯
融化於平底鍋用的奶油10克

楔形馬鈴薯

馬鈴薯2顆
橄欖油1/2大匙
帕瑪森乳酪1大匙
鹽1/4小匙
胡椒粉少許
各人所喜好的香草
（迷迭香等）適量
配菜（豌豆、四季豆等）少許

料理方法

1 均勻將蛋打散，加入牛奶、鹽、胡椒粉和愛曼塔乳酪混合。

2 將奶油放入熱鍋中融化，再將步驟1的蛋液倒入鍋中，利用筷子將邊緣已熟的部分撥往中央直到蛋液全熟。

3 將馬鈴薯洗淨，沿著長邊切成六等分（較大的馬鈴薯則切成八等分），再加入橄欖油、帕瑪森乳酪、鹽、胡椒粉和香草拌勻。

4 在烤盤上擺滿楔形馬鈴薯，並灑上帕瑪森乳酪，再以180度預熱的烤箱烘烤20-30分鐘。

5 將豌豆和四季豆炒熟，作為炒蛋和楔形馬鈴薯的配菜。

美味提醒

家中若有cajun香料❶，可試著在楔形馬鈴薯上加入一小匙，品嚐略帶些甜辣味的楔形馬鈴薯。

❶美國紐奧良風味的混合香料。又稱紐奧良調味粉。

混搭三種果醬的焙果三明治

雖然咀嚼起來也很美味，
然而光吃焙果總令人覺得乏味。
也厭倦了毫無變化的奶油乳酪，
因而，「奶油乳酪三劍客」誕生。

食　材

切成1/2的焙果3個

楓糖胡桃醬

奶油乳酪100克
楓糖1+1/2大匙
核桃40克
肉桂粉少許

藍莓醬

奶油乳酪100克
藍莓醬（或藍莓果漿）30克
原味優格45克

綠茶醬

奶油乳酪100克
綠茶2/3小匙
蜂蜜1大匙
原味優格15克

美味提醒

若能同時製作出三種醬料是再好不過的了，但假如時間不足的情況，則可挑選自己所喜好的口味製作。

料　理　方　法

1　將奶油乳酪放置於室溫變軟備用，並把核桃放進180度烤箱中烘烤8分鐘左右。

2　充分混合奶油乳酪、楓糖、胡桃、肉桂粉，塗抹於焙果上即可食用。

1　將奶油乳酪放置於室溫變軟備用，並由藍莓醬中挑出果肉30克。

2　藍莓醬和原味優格先混合，再加入變軟的奶油乳酪，均勻混合後，塗抹於焙果上。

1　將奶油乳酪放置於室溫變軟備用，同時在綠茶內加入蜂蜜混合。

2　綠茶和蜂蜜大致混合後加入原味優格，充分拌勻後再加入變軟的奶油乳酪，最後再塗抹於焙果上。

料多味美的蛤蜊巧達湯

慢火燉煮的蛤蜊、馬鈴薯和洋蔥，再搭配上法國麵包，
就能完成一道令小紅帽的奶奶也會讚不絕口的
蛤蜊巧達湯（CLAM Chowder）。

食　材

蛤蜊（或海瓜子）1包
馬鈴薯（中等大小）2顆
（約300克）
洋蔥1/2顆
鮮奶油140毫升
牛奶70毫升
水500毫升
麵粉20克
奶油20克
鹽少許
胡椒粉少許

料　理　方　法

1 將蛤蜊泡在鹽水裡吐沙。

2 鍋內放500毫升水煮滾後，放入蛤蜊煮至蛤蜊殼全開，然後再過篩，將蛤蜊取出、高湯分開盛裝好備用。

3 將洋蔥切成每邊0.5公分的丁狀，拌炒至透明後，再加入奶油和麵粉翻炒。

4 在拌炒洋蔥的鍋內加些蛤蜊湯，再加入馬鈴薯塊煮約10-12分鐘。

5 小火煮滾馬鈴薯後，再加入蛤蜊肉、牛奶、鮮奶油燉煮3-5分鐘，待煮出一定的濃度後加入鹽和胡椒粉調味。

一般在超市所購買的袋裝蛤蜊已經做過處理，只需把將殼打開的蛤蜊挑出，用水清洗一下，就能將泥沙或雜質去除備用。

滿滿濃郁的 法式火腿起士吐司

酥酥脆脆的Croque和
具有紳士之意的Monsieur，
只需再加上一顆蛋，
喔～我就是Croque-madame！

食　材

吐司4片
火腿4片
愛曼塔乳酪末（或義大利白乾酪）1杯

白　醬

奶油10克
麵粉10克
牛奶200毫升
洋蔥1塊
丁香2瓣（可略）
鹽少許
胡椒粉少許

美味提醒

何謂丁香？

被稱之為Clove的丁香，加得越多，甜美的香氣越強烈，是一種經常添加至料理或烘焙點心的香料。

簡易製作白醬的方法

將愛曼塔乳酪或義大利白乾酪充分混合鮮奶油，再用鹽調味就能替代白醬。

料　理　方　法

1 以熱鍋將鍋內的奶油融化，再加入麵粉拌炒。

2 倒進少許牛奶，使麵糰充分化開不結塊。

3 放進洋蔥和丁香，以小火收汁約10分鐘，待變得濃稠後，再加入鹽和胡椒粉調味。

4 塗抹白醬於吐司上，再放上兩片火腿。

5 將剩下的吐司覆蓋上，塗抹上白醬，再放上愛曼塔乳酪，放進180度烤箱內烘烤15分鐘左右就完成了。

早午餐的經典
法國吐司

無論再怎麼忙碌，都千萬不要省略早餐，
Just 10 minutes！法式經典料理上菜。

食　材

法國吐司（或吐司）4片
雞蛋2顆
牛奶80毫升
鮮奶油30毫升
煉乳1大匙
糖1大匙
融化於鍋中的奶油少許
橄欖油少許

配菜

帶莖葉番茄1串
雞蛋1顆
培根2片

料　理　方　法

1　將法國麵包切成2公分厚，共切好4塊厚片備用。

2　打散2顆雞蛋，並加入牛奶、鮮奶油、煉乳和糖，充分攪拌。

3　將法國麵包均勻地沾上步驟2的蛋液。

4　將法國麵包放進已融化奶油的平底鍋內煎成金黃色。

5　把番茄塗抹些橄欖油，放進200度的烤箱內烘烤10分鐘，生雞蛋和培根也同時烘烤好作為配菜。

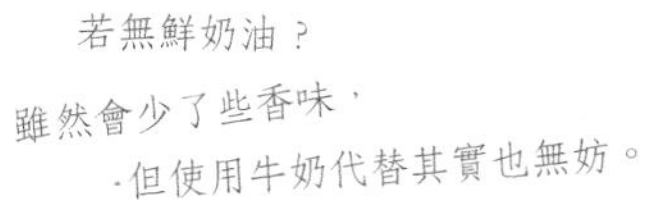

飽足感十足的香脆核果燕麥捲

為了當作早餐而做的核果燕麥捲（Granola），
閱讀時、看電視時，一個、兩個不停的吃。
啊！不知不覺就見底了！明天早餐該怎麼辦呢…

食　材

堅果類

燕麥片250克
核桃120克
杏仁80克
腰果80克
南瓜子60克
向日葵子60克

其他材料

藍莓乾50克
蔓越莓乾（或其他風乾水果亦可）50克
楓糖70毫升
植物油（葡萄籽油或菜籽油）15毫升
奶油15克

美味提醒

若無法準備好所有的堅果時？
只要盡可能準備就好，堅果的量維持在200克左右即可。

在哪裡可以購買到燕麥片呢？
壓碎的炒燕麥或壓扁製成的燕麥片，可在食品烘培材料店輕易購得。

何謂楓糖？
取得楓樹樹液製成的天然調味料，純粹的甜味中帶有隱約香氣是其魅力之處。

料　理　方　法

1 堅果類壓碎成粗粒備用。

2 充分的混合楓糖、油和奶油，並加熱。

3 在燕麥片中加入碎堅果混合後，再倒入步驟2的楓糖拌勻。

4 將步驟3攤平於烤盤上，放進烤箱以170度烘培15分鐘。

5 從烤箱取出放涼後，再混入藍莓乾和蔓越莓乾即可。

份量十足的比利時鬆餅

請忘了平日見到的普通鬆餅，
這是來自比利時且經過發酵的獨特鬆餅哦！

食　材

高筋麵粉120克
低筋麵粉40克
牛奶45毫升
雞蛋1/2顆（約30克）
奶油30克
糖30克
Hagel糖（或一般的糖粉）30克
速發酵母1小匙
鹽1/2小匙
塗抹於鍋面的奶油少許
灑於鬆餅上的Hagel糖粒少許

料　理　方　法

糖、速發酵母和鹽
並不適合直接混合，
建議先用高筋和低筋麵粉
分別混合好後，
最後再混合在一起。

1 將高筋和低筋麵粉過篩倒進碗中，再加入糖、速發酵母和鹽充分混合。

2 加入牛奶和雞蛋揉捏，最後加入融化於室溫的奶油和Hagel糖，再耐心揉約10分鐘。

3 有彈性的麵糰完成後，用濕抹布或保鮮膜蓋住，放置於溫暖的地方發酵約40分鐘。

4 發酵結束後，用手按壓出麵糰內的氣體，捏成約50克大小的圓球，再發酵15-20分鐘。

5 在鬆餅機內抹上一層奶油，並放上麵糰，灑上Hagel糖，最後烤成金黃色即大功告成。

美味提醒

何謂Hagel糖❷？

粗的糖顆粒，由於不易融化，因此常用來製作蛋糕或鬆餅等點心。

❷荷蘭糖脆片，有不同色彩及口味，適合用來搭配甜點。

香蕉和花生的夢幻組合
烤香蕉花生吐司

連貓王也愛不釋手的烤香蕉花生吐司，
烘焙過的黃澄澄香蕉，讓吐司更加香甜可口。

食材

吐司4片
花生醬4大匙
香蕉2條
檸檬汁少許
奶油10克
植物油10克
糖10克
肉桂粉少許

料理方法

1 香蕉切成稍厚切片，並灑上些檸檬汁。

2 在平底鍋內加入植物油和糖，煮至呈咖啡色。

3 放入香蕉，並翻面煎成金黃色。

4 在烘烤過的吐司單面滿滿塗上花生醬，然後再覆蓋上另一片吐司。

5 將香蕉放置於上方，最後再撒些肉桂粉即可開動囉！

該如何製成三明治？

在吐司上塗抹花生醬，放上烤香蕉後再蓋上吐司，或是整條香蕉煎烤，再用吐司捲起。

香味四溢的 火腿綠花椰鹹派

初次品嘗鹹派（Broccoli quiche）的餐廳，是否一如往昔呢？
透明水杯、湛藍色腳踏車，
以及華爾滋般緩慢流逝著的時光…

食　材

派皮

高筋麵粉70克
低筋麵粉80克
奶油90克
鹽2克
糖5克
冷水50克

內餡

香腸2條
花椰菜1/2顆
洋蔥1/2顆
牛奶50毫升
鮮奶油100毫升
雞蛋1顆
蛋黃1顆
鹽少許
胡椒粉少許

料　理　方　法

1 高筋和低筋麵粉一同過篩，加入冷奶油後再用手拌勻。

2 加進鹽、糖、冷水揉成一個大麵糰，再用保鮮膜包住，放進冰箱冷藏1個小時。

3 取出麵團，推壓成0.3公分厚的麵皮，放置於模子上，用湯匙在底部戳出小洞，再放進冰箱冷藏約10分鐘。

4 在上方鋪上一層鋁箔紙，放入重物或豆類等壓平，並放進180度烤箱內烘烤15分鐘左右。拿掉鋁箔紙和重物後，再次烘烤10分鐘。

5 將香腸和花椰菜切成一口可食用的大小，洋蔥切絲並炒成透明狀。

6 在烘烤過的派皮上放入內餡，混和鮮奶油、牛奶、雞蛋和蛋黃後倒入，並灑上鹽和胡椒粉，最後放進烤箱，以180度烘烤30分鐘。

硬麵包的華麗變身
香蕉麵包布丁

在冷凍庫內變得硬梆梆的法國麵包士兵一名，
遇到雞蛋救護員和牛奶上等兵，
最後在香蕉班長的協助下，任務完成！

食　材

吐司3片
牛奶150毫升
鮮奶油50毫升
雞蛋1顆
蛋黃1顆
糖35克
鹽1克
愛曼塔乳酪（或義大利白乾酪）30克
香蕉1條
藍莓乾（或葡萄乾）20克
灑在表面的杏仁片少許
糖粉少許
塗抹於碗上的奶油少許

料　理　方　法

1 將吐司烤得金黃，並切成便於一口食用的大小。

2 將愛曼塔乳酪切或削成薄絲。

3 充分混合牛奶、鮮奶油、雞蛋、蛋黃、糖和鹽。

4 烤箱容器內塗抹些奶油，均勻混合法國麵包和愛曼塔乳酪、切成薄片的香蕉、藍莓乾，並盛裝進容器內。

5 將步驟3倒進步驟4，同時灑上些杏仁片，放進180度的烤箱內烘烤20分鐘，最後再撒些糖粉做裝飾即可。

美味提醒

若用牛奶代替鮮奶油呢？

鮮奶油是比牛奶脂肪含量更高的乳製品，雖然使用牛奶替代鮮奶油也無妨，但口感上會覺得少了些香氣。反之，鮮奶油的量若提高，其香味和柔軟的口感也會相對提升，當然熱量也會呈等比成長，要特別留意！

搭配糖煮藍莓的優格鬆餅

影集「越獄風雲」中的死刑犯林肯，
最後挑選出的餐點就是與兒子擁有共同回憶的鬆餅。
我的媽媽也曾經為我烘烤過鬆餅，
原來如此！這就是早午餐界永遠的經典！
糖煮藍莓（Blueberry Compote）加上
優格鬆餅（Pancake），更重現了記憶中的滋味！

食材

麵粉120克
泡打粉1小匙
鹽1/4小匙
糖40克
雞蛋2顆
原味優格80克
牛奶70毫升
融化的奶油20克
塗抹於鍋內的奶油少許

糖煮藍莓（藍莓果漿）

藍莓200克
檸檬汁1大匙
檸檬皮少許
糖40克

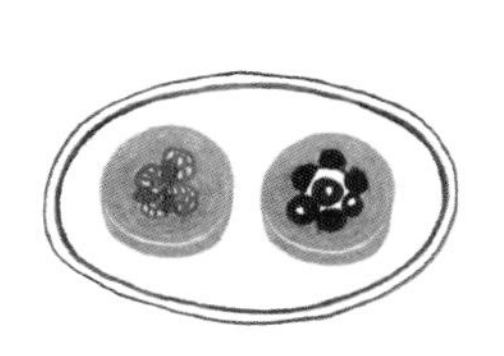

料理方法

1 在碗內加入蛋黃、原味優格、牛奶和鹽，並充分混合。

2 將麵粉和泡打粉過篩加進碗裡，再與融化的奶油混勻。

3 在蛋白內加入糖，利用打蛋器打出蛋白霜。

4 步驟2的麵糰先加入1/3左右的蛋白霜攪勻，剩下的蛋白霜則在泡泡未消失前，分次加入碗中攪拌。

5 在鍋內塗抹些奶油，奶油融化後倒入麵漿，待攤平成圓形而產生孔洞後，再將鬆餅翻面煎烤至金黃色。

6 將藍莓、檸檬汁、檸檬皮和糖全都混合在一起用小火熬煮，待濃稠度變高後即可關火，自製的藍莓果漿即可完成。

告別對
洋蔥辛辣的偏見
法國洋蔥濃湯

拌炒越久，蘊含其內的甜味就會滿滿散發出來的洋蔥濃湯，
小心翼翼地，為了不炒焦洋蔥而認真呢喃念著咒語，
變幻出美味可口的濃湯啦！

食　材

洋蔥1顆（約250克）
雞湯500毫升
玉米粉1/2大匙
橄欖油1大匙
奶油1大匙
法國麵包2片
愛曼塔乳酪（或切達乳酪）50克

料　理　方　法

1 在雞湯內加入玉米粉，攪拌均勻。

2 將洋蔥切絲，在倒入橄欖油和融化了奶油的鍋內翻炒。

3 洋蔥散發出甜味後，翻炒20-30分鐘至呈現出焦黃色。

4 翻炒結束後，加入雞湯熬煮。

5 將步驟4倒入烤箱容器中，在碗中放進法國麵包和乳酪，以200度預熱的烤箱烘烤至乳酪完全融化。

美味提醒

若無高湯的情況下？

雖然也能夠使用水來代替，然而口感無論如何都會變得較差。此時，可使用罐裝的液狀雞湯或雞湯塊來料理（雞湯塊的使用方法請參閱第31頁）。

爽口柳橙醬製成的米鬆餅

顧慮健康養生的人日益增加，
米，成了養生料理的新選擇。
與麵粉不同的黏Q口感，
搭配著橙醬一同品嘗，獨具風味的鬆餅就上桌了！

食　材

米鬆餅

在來米粉120克
泡打粉1小匙
糖30克
鹽1/4小匙
豆奶120毫升
融化的奶油25克
雞蛋1顆
塗抹於鍋內的奶油少許

橙醬

柳橙汁100毫升
柳橙皮1/2大匙
奶油10克
蜂蜜1大匙
柳橙1顆
香蕉1條

料　理　方　法

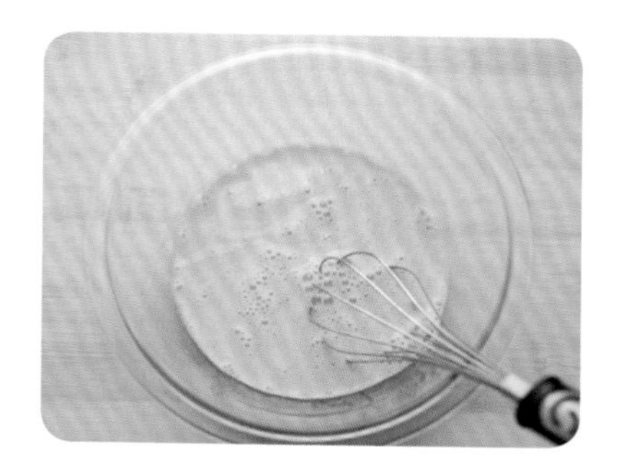

1 在碗中將蛋打散，並加入豆奶、糖和鹽後充分混合。

2 將在來米粉和泡打粉過篩，將麵糊均勻攪拌至無結塊。

3 將奶油隔水加熱或放進微波爐中加熱融化，倒進步驟2中拌勻成柔軟的麵糊。

4 把少許奶油放進鍋中融化，以小火煎煮倒進一點一點的麵糊約2-3分鐘。

5 在製作醬料的鍋中融化少許奶油，倒入柳橙汁、橙皮和蜂蜜熬煮約5分鐘。

6 僅挖出柳橙果肉，香蕉切成厚塊，與鬆餅混合，最後再搭配橙醬食用即可。

美味提醒

何處購得米粉呢？

最近販賣製作甜點和麵包材料的大型購物商場內，會依照用途分門別類販售著在來米粉和糯米粉。

讓人無法忘懷的美味紅豆湯

「媽媽，再多給我一點湯圓。」
「湯圓是依照年齡給的喔！」
不知不覺，隨著歲月增長，紅豆湯圓也不易見到了。
然而即使年紀越來越大，依舊懷念媽媽的紅豆湯。

食材

紅豆200克
水1.2公升
糖2大匙
蜂蜜1大匙
鹽1/4小匙
糯米粉2大匙
水3大匙

湯圓

糯米粉70克
澄粉（小麥澱粉）30克
熱水3大匙

料理方法

1 洗淨紅豆，在碗中倒入適量的水，煮滾過一次後將水倒掉。

2 再次在鍋中倒入1.2公升的水，熬煮40-50分鐘左右，至紅豆呈現出鬆軟的樣子。

3 在步驟2內加入2大匙糯米粉和3大匙生水，再次熬煮後，接著再加入糖、蜂蜜和鹽調味。

4 糯米粉和澄粉混合後加入熱水，搓揉成半熟的麵糰後，揉出一顆顆的湯圓。

5 將小湯圓丟入滾水中，湯圓一浮出水面就立即撈出用冰水冷卻，最後再放入紅豆湯內就完成了。

美味提醒

煮紅豆湯時，不能先放糖嗎？

若在一開始煮紅豆湯時就放糖，紅豆會不容易熟而口感偏硬，因此，建議紅豆熬煮至膨鬆時再加糖調味。

Special tip 餐桌裝飾系列

花飾

只要簡單幾朵就能成為餐桌上的焦點，
可至花市挑選價格平易近人的花朵。
夏季時，每束璀璨的花朵都在等待命中注定的歸宿。

花市訊息
台北花卉　www.tflower.com.tw
建國假日花市　www.fafa.org.tw

散發著草綠色光芒的小菊花和枝飾變種的康乃馨。

今天的花束是大非洲菊、
羞澀的玫瑰和奶黃色的康乃馨，
以及柔美的油桐花。

雖僅是在小玻璃瓶內插上幾朵，
餐桌的質感立即不同，
享受天南地北暢談的時光。

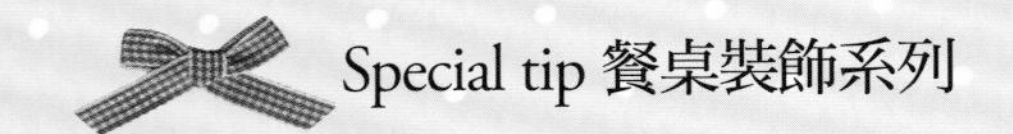

Special tip 餐桌裝飾系列

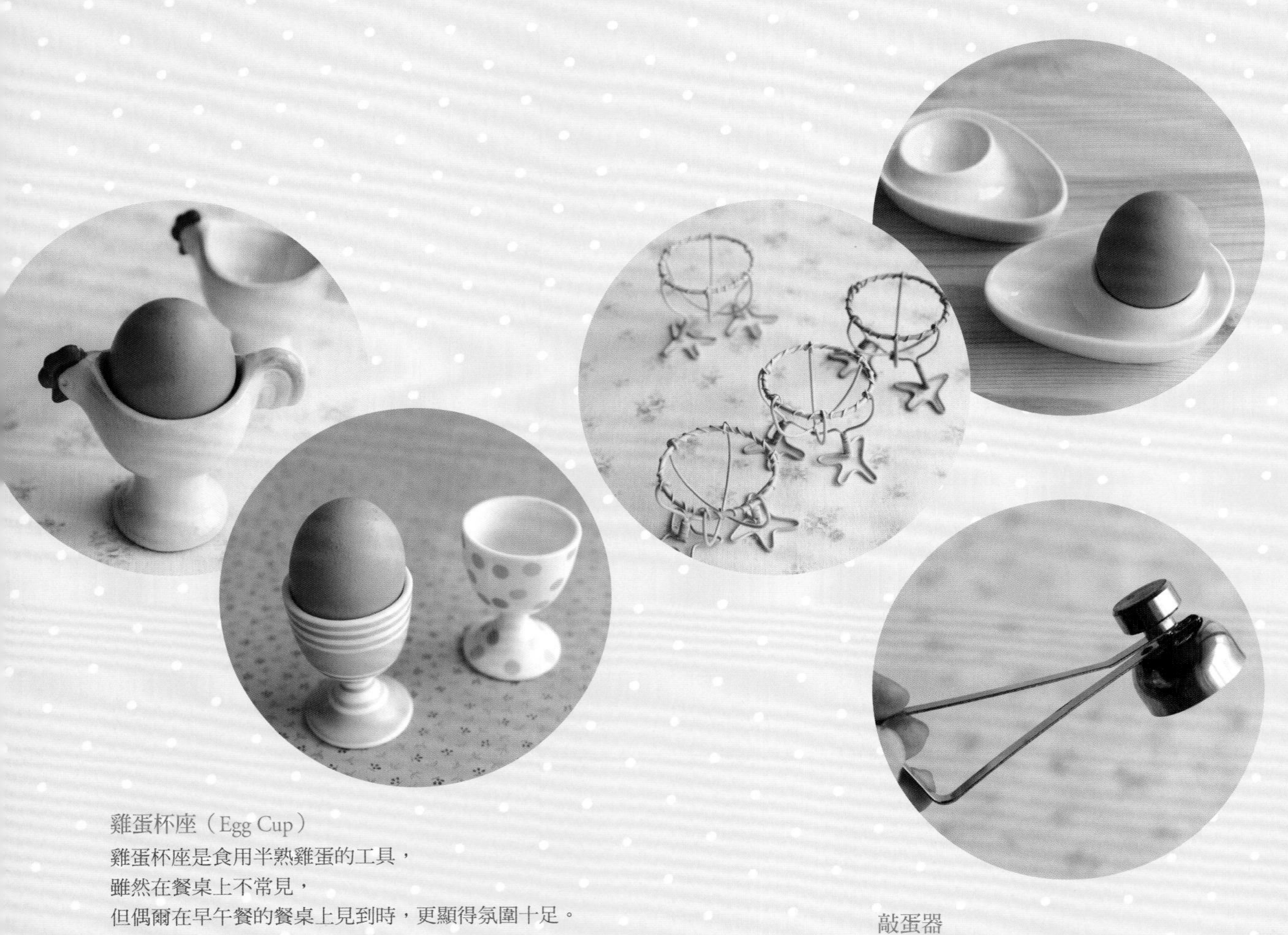

雞蛋杯座（Egg Cup）

雞蛋杯座是食用半熟雞蛋的工具，
雖然在餐桌上不常見，
但偶爾在早午餐的餐桌上見到時，更顯得氛圍十足。

敲蛋器

當想剝去半熟雞蛋蛋殼時所使用的工具，
只要在雞蛋的上方叩地輕敲一下，
就能夠輕易剝下蛋殼。

筷架組

在旅行景點或偶然瞥見時，
一個一個買下收集的筷架組。
是擺設餐具時少了可惜的可愛裝飾小物。

part 2. 1:00 pm 豐盛的午餐

與三五好友坐在餐廳盡情談天時，肚子就像時鐘般竟咕嚕嚕的響了起來，
此時，若店家能夠提供些簡單可口的餐點，那真是太完美了！
最近也不乏令人想要特地前往品嘗的午餐餐廳。
接下來，將介紹一些簡易又風味十足的料理，
若能搭配包裝漂亮的便當盒，也很適合喔！

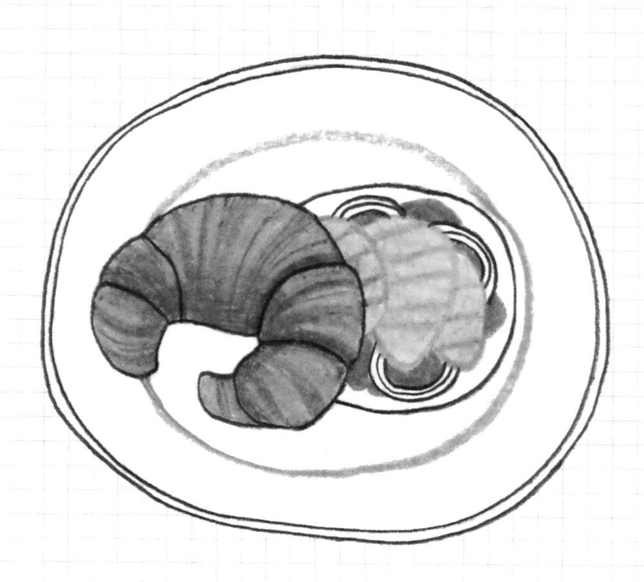

別出心裁的
午餐餐廳

望著這些杯盤餐具，不禁令人神往想像，
那些受人喜愛、被人冷落，以及靜靜等待的光陰。
乘著船和飛機來到這個陌生國度的餐具，四處都是刮痕和污漬，
但也由於這歲月的痕跡而更顯珍貴。

눈으
PRADA TRANS
2009
SEOUL, KORE
THE PRADA TRANSFORMER IS
SIX-MONTH INSTALLATION ON
THE GROUNDS OF THE HISTO
GYEONGHUI PALACE AT THE
CENTER OF SEOUL, SOUTH KO
서울

Demitasse

Demitasse意指盛裝著濃縮咖啡的小杯子，
像神祕的小閣樓般的Demitasse Café，
如同其名般地豐富，滿溢著茶香，
從令人眼睛一亮的奢華北歐葡萄酒杯，
至讓人內心感到平和的「鮭魚茶泡飯」，
以及漫畫「深夜食堂[1]」中令人懷念的「家鄉美食」，
一針一線縫製而成的一個小杯墊，
都充滿著滿滿的溫暖心意。

首爾市鍾路區付岩洞254-5，第1號，02-391-6360，am11:00~am1:00，全年無休

❶ 深夜食堂：日本漫畫家安倍夜郎所繪的漫畫作品。

令鼻端感到甜辣的芥末，用海苔包著吃顯得更加美味十足

鮭魚點綴得恰到好處的清爽茶泡飯

Duomo

「伴著回家路途的傍晚光線，甜辣的義大利海鮮圍籬」，這是什麼味道呢？
光看名字，就會令人好奇不已的Duomo餐廳。
今天的特餐是「紅蒜醬蝦西西里義大利麵」和
「茄子和乳酪層層疊疊烘焙而成的乳酪焗茄餅」。
義大利人最常品嘗的乳酪焗茄餅（Parmigiana），
不論你喜不喜歡茄子，都是不二之選。

首爾市鍾路區孝子洞40-2，02-730-0902，am11:00~pm11:00，週日公休

風乾番茄製成的紅蒜醬蝦西西里義大利麵

一入口，瞬間即化的茄子料理—乳酪焗茄餅

如江國香織的小說《冷靜與熱情之間》中，
順正和小葵約定過的彼此相愛的地方—Duomo
不知為何，每次想起Duomo時，腦海中就會浮現午後的斜陽，
總是令我悸動不已的Duomo，那午後的陽光。

세미프레도
7.000원
무아의
"티라미수"
6.000원
"젤라또"
(산딸기, 다크초콜릿, 요거트, 레몬)
6.000원
"에스프레소"
사케라또
7.000원

擁有美味爽口湯頭的宴會湯麵

「現在，在休息站停15分鐘。」
話一說完，馬上飛快的從高速巴士下車，
「老闆，請給我一碗鮪魚麵！」
呼嚕嚕…
這，就是我喜愛搭乘高速巴士旅行的原因。

食　材

麵條200克、白菜泡菜200克、香菇2朵、韓國小南瓜1/4條、水6杯、昆布（10公分×10公分）1張、高湯用鯷魚10尾、明太魚15克、醬油1大匙、玉筋魚醬1大匙、雪利酒1/2大匙、糖1小匙、鹽少許

泡菜調味

香油1/2大匙、糖1小匙、芝麻1小匙

料　理　方　法

美味提醒

韓國小南瓜

南瓜在未成熟時摘下，常用於韓式火鍋湯料理或做成涼拌菜，可至有販售韓國食材的商店購買。

1 泡菜切丁，並加入香油、糖和芝麻調味，接著將香菇和韓國小南瓜切絲，放進平底鍋中稍微乾炒一下。

2 將昆布泡在水中約30分鐘左右，再放入鯷魚和明太魚煮滾，接著撈出昆布，以小火煮10分鐘。

若味道不足，請再加些鹽調味。

3 過篩濾除雜質，僅留下高湯，再加入醬油、玉筋魚醬、雪利酒和糖再次煮滾。

4 將麵放進滾水中煮3-4分鐘，再放進冷水，最後撈出麵條放進碗中，在碗內倒入高湯，最後放上配菜就完成了。

加入椰漿的泰式黃咖哩鮮蝦餐

滴答滴答，疲於奔命的這個世界。
即食的咖哩調理包雖然也很美味，然而只要再多花點心力，
這道獨特的咖哩就上桌了。

食材

白蝦8尾
甜南瓜1/4顆
洋蔥1/4顆
青椒1/2個
豌豆適量（可略）
椰子汁1杯
雞高湯或水1/2杯
蒜末1/2大匙
黃咖哩醬1+1/2大匙
魚露2/3大匙
糖1/2大匙
植物油（葡萄籽油或菜籽油等）2大匙

美味提醒

該去哪裡購買椰漿、魚露和黃咖哩醬呢？

在大型百貨公司的食品賣場、販賣東南亞食材的網路料理商店，或是食品專賣店的網路購物中心等地方都購買得到。

料理方法

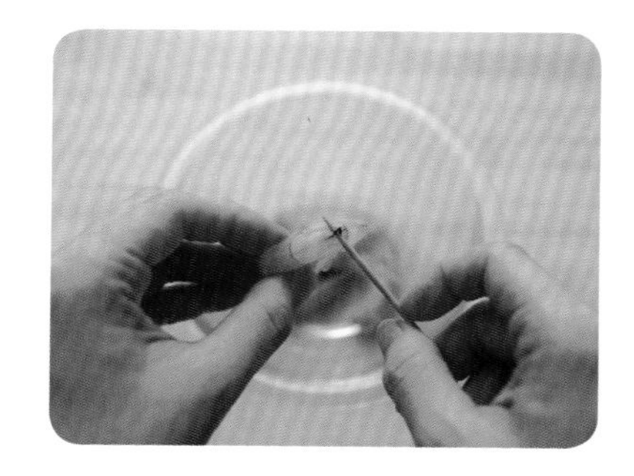

1 剝去蝦頭、去殼和內臟備用。

2 甜南瓜切薄片，洋蔥和青椒則切成差不多的大小。

3 在平底鍋內倒入植物油爆香蒜末，接著再放入黃咖哩翻炒。

4 倒入椰子汁，炒至無結塊。

5 倒進高湯煮沸後，依序加入甜南瓜、蝦子、洋蔥、青椒和豌豆熬煮。

6 最後加入糖和魚露調味即可。

大受小朋友喜愛的 雞肉烤餅

製作過程簡單又美味的烤餅（Quesadillas）
當成配菜、下酒菜或是小朋友們的零食，
不論何種場合都大受歡迎。

食　材

墨西哥薄餅（Tortilla）（20cm）2張
雞胸肉200克
洋蔥1/3顆
青椒1/2個
番茄1顆
市售番茄汁3大匙
鹽1/4小匙
義大利白乾酪100克
橄欖油1大匙
胡椒粉少許

料　理　方　法

1 雞胸肉切成四邊各1公分大小的肉丁，再灑些鹽和胡椒粉調味。

2 洋蔥和青椒切成四邊各為0.5公分大小的丁狀，番茄亦同。

3 在平底鍋內倒些橄欖油，先翻炒雞胸肉，再加入洋蔥和青椒一起拌炒。

4 將番茄和番茄汁倒進平底鍋內，收汁翻炒約2-3分鐘，最後再加些鹽和胡椒粉調味。

5 鋪平一張薄餅，在上面放上義大利白乾酪和步驟4，再鋪上一層義大利白乾酪和一張薄餅，最後放進烤鍋或平底鍋烘烤至乳酪融化。

健康滿分，在家也能 動手做的自製漢堡

讓漢堡店取代了麵包店，真是太過分了！
閱讀村上春樹的《麵包店再襲擊》時，不禁喃喃自語。
相較於市面的漢堡店，不如試著製作自家的美味漢堡吧！

食　材

漢堡麵包2塊
番茄1顆
萵苣2片
乳酪2片

餡 餅

牛絞肉200克
豬絞肉200克
伍斯塔醬
（Worcestershire Sauce）1/2大匙
洋蔥1顆
雞蛋1顆
吐司1片
牛奶50毫升
鹽少許
胡椒粉少許

醬 料

調味番茄醬2大匙
伍斯塔醬2大匙

料　理　方　法

1 洋蔥切丁炒乾水分，並呈現出略帶咖啡色的全熟狀態。

2 將吐司充分浸泡在50毫升的牛奶內。

3 將牛絞肉和豬絞肉在碗內混合，加入伍斯塔醬、鹽、胡椒、雞蛋、洋蔥和浸過牛奶的土司，持續反覆攪拌捏揉。

4 待揉出黏性後，捏成圓球狀，再壓平於烤盤上，用預熱過的平底鍋均勻將兩面煎得金黃。

5 漢堡麵包對半切開，在上下兩面各塗上醬料，依序放入萵苣、乳酪、餡餅、番茄、萵苣，最後蓋上另一片麵包就完成了。

美味提醒

若無伍斯塔醬，可用炸豬排的沾醬替代。

沾蜂蜜吃會更加美味的 戈爾根朱勒乾酪披薩

法國的洛克福特乳酪（Roquefort）、英國的史蒂爾頓乾酪（Stilton）
和義大利的戈爾根朱勒乾酪（Gorgonzola），其濃郁的口感，
號稱世界三大藍黴乳酪。好好的記下吧！
當放下披薩時：「你，知道藍黴乳酪的種類嗎？」

食材

披薩麵皮

高筋麵粉100克
低筋麵粉20克
鹽1/2小匙
糖1小匙
速發酵母1小匙
溫水60毫升
橄欖油1大匙

戈爾根朱勒乾酪醬料

鮮奶油1/3杯
蜂蜜1大匙
戈爾根朱勒乾酪30克
義大利白乾酪70克
蔬菜嫩葉適量
橄欖油1小匙
蜂蜜1小匙

料理方法

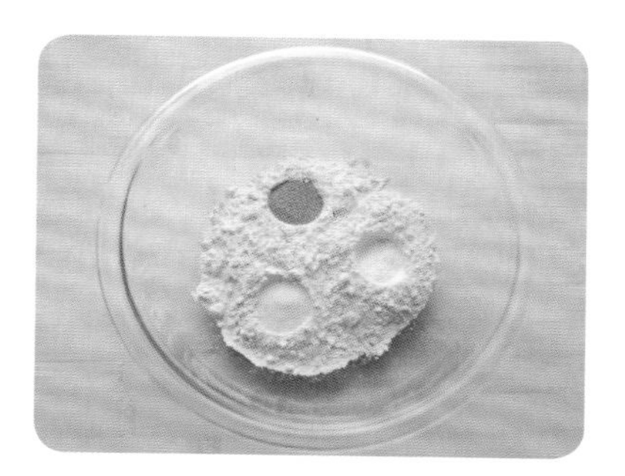

1 將高筋和低筋麵粉混合後過篩，並挖出三個洞，分別放入鹽、糖和速發酵母。

2 盡可能將麵粉均勻混合，用手揉壓一次便加入溫水地反覆揉捏，直到變成麵糰後，再加入橄欖油搓揉10分鐘。

3 將麵糰揉成圓球狀，放置於碗中，並於碗上方覆蓋濕抹布或保鮮膜，放置於溫暖的地方發酵約莫40分鐘，讓麵糰發酵至原本的兩倍大。

4 發酵期間，將鮮奶油和蜂蜜混合煮滾一次後，再放入戈爾根朱勒乾酪加熱融化5-6分鐘左右，直到變濃稠為止。

5 將麵糰放置於灑了些麵粉的砧板上，再利用擀麵棍擀平。

6 在麵皮塗抹上薄薄一層步驟4的醬料，再灑些義大利白乾酪，放進180度的烤箱內烘烤20-25分鐘，最後再使用菜苗裝飾即可。

美味提醒

何謂戈爾根朱勒乾酪？

藍黴乳酪的一種，是具藍色黴菌的乳酪。起初會不太習慣其香氣，只要品嘗個幾次，就很容易陷入其獨特美味不可自拔。

日式 三角御飯糰

電影《海鷗食堂[3]》中，小綠品嘗到日本人的靈魂食物
三角御飯團（おにぎり）
也請各位用心試做看看吧！

[3] 海鷗食堂：《かもめ食堂》。日本女導演荻上直子所導演的電影，全片於芬蘭赫爾辛基拍攝。

食　材

飯2碗
黑芝麻1大匙
鹽少許
海苔1張

鮪魚美乃滋

鮪魚150克
洋蔥1/4顆
美乃滋3大匙
鹽少許
胡椒粉少許

泡菜培根

培根3片
白菜泡菜100克
糖1/2小匙
芝麻1/2小匙

料理方法

1 粗切培根，於平底鍋內煎炒，接著加入切片後的泡菜和糖、芝麻翻炒。

2 濾除水分並壓碎鮪魚，再加入洋蔥丁和少許的鹽醃製5分鐘左右，使用餐巾紙按壓吸除水氣，最後再拌入美乃滋和胡椒粉。

3 全熟的飯內加入鹽和黑芝麻，充分拌勻。

4 在手掌心內壓平飯，在中間填滿鮪魚美乃滋或泡菜培根。

5 將飯捏成三角形的飯糰，再裹上長方形的海苔就完成了。

適合野餐的
蛋沙拉培根三明治

這是個一物多用的時代，
只要預先製好備用，生菜沙拉、三明治都能輕鬆做出來。
家庭日點心 ——蛋拉沙+培根三明治。

食　材

吐司4片
培根4片
番茄1顆
萵苣2片
美乃滋2大匙
第戎芥末醬1/2大匙

蛋沙拉

雞蛋2顆
切丁的小黃瓜片1大匙
美乃滋1+1/2大匙
蜂蜜1/2大匙
鹽少許
胡椒粉少許

料　理　方　法

1　將兩顆雞蛋水煮至全熟後剝殼壓碎，再與切丁的小黃瓜片、美乃滋和蜂蜜充分混合，最後加入鹽和胡椒粉調味。

2　將吐司放進烤箱內，或是放置於乾平底鍋上烘烤。

3　煎烤培根，並用餐巾紙吸除多餘的油脂，將萵苣撕成一口可食用的大小，番茄則切成圓片狀。

4　將美乃滋與第戎芥末醬混合，塗抹於吐司上，再依序疊上萵苣、番茄、蛋沙拉和培根。

蛋沙拉若有剩，
可夾進餐包裡
直接吃，
也相當可口。

當番茄遇上奶油 培根薔薇醬義大利麵

「該吃薔薇醬（Rose Sauce）？還是茄汁的呢？」

「雜醬麵比較好？還是炒麵比較讚？」

義大利麵界的雜醬炒麵，只要吃過一次就難以忘懷的美味！

食　材

義大利麵160克、培根3片、櫻桃番茄10顆、鮮奶油2杯、牛奶1杯、洋蔥1/4顆、芹菜1/3把、紅蘿蔔1/4條、醬番茄（Tomato Paste）60克、奶油15克、蒜末1小匙、鹽少許、胡椒少許

料　理　方　法

1 將芹菜、洋蔥和紅蘿蔔切成差不多大小的丁狀備用。

2 依照櫻桃番茄的大小切成1/2或1/4等份，同時厚切培根。

3 培根放入鍋中爆香後，再放入櫻桃番茄，炒至番茄皮脫落為止，然後先放置於其他的容器內。

4 平底鍋中放入奶油，待奶油融化後爆香蒜末，再放入所有的蔬菜一起炒，最後加入醬番茄再翻炒2~3分鐘。

5 倒入鮮奶油和牛奶，熬煮約10分鐘，待收汁呈現出濃稠度後，再加入些許鹽和胡椒調味。

6 料理同時燙煮義大利麵條，建議比包裝所寫的時間再縮短約1分鐘左右。

7 將培根和番茄加入步驟5的醬料再次熬煮，接著放入義大利麵熬煮1分鐘左右就大功告成了。

美味提醒

醬番茄是經過長時間熬煮番茄，再加以濃縮而成，口感相似於辣椒醬。醬番茄若不易取得，可用一般市售的番茄醬和鮮奶油以1:1的比例熬煮製作。

別具風味的醬油年糕

御飯糰若是日本人的精神食糧，
辣炒年糕可說是韓國人的靈魂美食嗎？
辣的好吃、不辣也好吃，怎麼吃都好吃！

食　材

年糕400克
切絲牛肉150克
紅椒1/2個
黃椒1/2個
植物性沙拉油適量
洋蔥1/2顆
白芝麻少許

牛肉醃料

醬油1/2小匙
蒜末1小匙
清酒1小匙
胡椒粉少許

年糕醬料

醬油1小匙
香油1/2小匙

醬料

水100毫升
醬油1+1/2大匙
蠔油1大匙
糖1/2大匙
麥芽飴1大匙

> **美味提醒**
>
> 麥芽飴（糖稀）俗稱「水飴」，歐洲稱葡萄糖漿（Glucose syrup），美國稱玉米糖漿（Corn Syrup），也可用麥芽糖加溫水稀釋使用。

料　理　方　法

1 洋蔥切絲，紅椒和黃椒也同樣切切成長條絲狀。

2 預先將年糕和牛肉分別拌進醬料中。

3 將主要醬料的所有材料一次混合在一起。

4 平底鍋內倒入植物性沙拉油，洋蔥翻炒至透明狀，再將調味過的牛肉加入一同拌炒。

5 在此放入年糕拌炒，並倒進主要醬料炒5分鐘，接著加入紅椒和黃椒翻炒，最後再灑些芝麻即可。

簡易製作 營養滿分的 總匯三明治

三明治的基本－總匯三明治
拿著塞滿了各式美味食材的三明治，
嚕啦啦～一起去野餐吧！

食　材

吐司3片
雞胸肉2塊
檸檬汁1大匙
乾迷迭香（可省略）少許
鹽少許
胡椒粉少許
塗抹於吐司上的奶油少許
培根3片
番茄1顆
萵苣2片
美乃滋2大匙
芥末醬1大匙
洋蔥丁1大匙
植物性沙拉油適量

料　理　方　法

1 將厚實的雞胸肉攤開，灑上鹽、胡椒粉、乾迷迭香和檸檬汁調味。

2 把吐司放置於乾的平底鍋或烤吐司機內烤得酥脆金黃，塗抹上薄薄一層奶油。

3 均勻混合美乃滋、芥末醬和洋蔥丁。

4 煎烤培根，並用餐巾紙吸去多餘油脂，番茄切成圓形薄片、萵苣充分洗淨並拭去多餘水分。

5 在平底鍋內倒入植物性沙拉油煎煮雞胸肉，均勻翻面煎煮至全熟。

6 在吐司的一面塗抹上步驟3的醬料，再依序放上萵苣、培根、番茄、醬料、吐司、萵苣、雞胸肉、醬料，最後再覆蓋上一片吐司就完成了。

美味提醒

切開三明治的時候，餡料總是從旁邊掉出！

請先在三明治的上方用重的砧板或書稍微壓一下再切，就能夠俐落切出漂亮的三明治。

豐富飽滿的香菇蓋飯

只要一碗就能乾淨俐落解決一餐的好吃蓋飯，
圓滾滾的香菇和滑嫩的牛肉更是營養滿分！

食　材

切成長條狀的牛肉150克
香菇5-6朵
各人喜好的菇類2種
洋蔥1/2顆
香油1/2大匙
植物性沙拉油2大匙

醃牛肉醬料

醬油1小匙
糖1小匙
蒜末1小匙

醬料

熱水400毫升
蠔油1+1/2大匙
醬油1大匙
糖1大匙
勾芡水（太白粉1大匙+水1大匙）
* 也可以用玉米粉

料　理　方　法

1 牛肉用醬油、糖、蒜末醃漬30分鐘左右。

2 將香菇切成條狀，其他的菇類同樣切成便於食用的大小。

3 在平底鍋內倒入植物性沙拉油，拌炒醃過的牛肉，再加入切成絲狀的洋蔥和香菇拌炒。

4 全都炒熟後，倒入熱水、蠔油、醬油和糖，充分拌勻煮滾。

5 倒進混合1大匙太白粉和1大匙水所製成的勾芡水，煮滾至收汁變濃稠為止，最後再加些香油就可以關火。

新鮮食材的風味
番茄橄欖油義大利涼麵

偶爾會對「各式各樣的調味料」感到厭惡，
世界上最美味的，不外乎就是材料本身最純粹的味道。
仔細的咀嚼品嘗，食材本身的口味就會一一浮現。

食材

貝殼狀義大利麵140克
（或螺旋麵等較短的義大利麵）
番茄1顆
洋蔥1/4顆
黑橄欖8顆
菲達乳酪70克
（或義大利白乾酪、瑞可塔乳酪）
橄欖油3大匙
白酒醋1大匙
（若無，可用米醋代替）
鹽1/2小匙
糖1/2小匙
番茄乾4-5塊（可省略）

料理方法

1 在番茄中央切個十字，放進熱水中約莫30秒去皮。

2 將去皮後的番茄除籽，並切成四邊各1公分大小的丁狀，洋蔥大塊切丁，黑橄欖則切成3-4等份。

3 僅挖出盛裝於油瓶中的菲達乳酪的乳酪部分。

4 將橄欖油、白酒醋、鹽和糖充分混合，再加入步驟2的洋蔥末拌勻。

5 將貝殼狀義大利麵放進加了鹽的滾水中煮約10分鐘，接著放進冷水中，最後瀝除水分。

6 用大碗盛裝所有的材料並充分攪混，最後再加入番茄，並放置於冰箱冷藏1個小時以上再食用。

補充身體能量的燻製鮭魚可頌三明治

略為油膩的燻鮭魚，可以試著用辣根醬（Horseradish）來引出美味，
將能享受到清爽的美妙口感。

食材

可頌2個
燻製鮭魚4塊
萵苣4片
洋蔥1/2顆

辣根醬（芥末）

美乃滋2大匙
辣根醬（芥末）1/2小匙
醃黃瓜丁1大匙
鹽少許
胡椒粉少許

料理方法

1 可頌對半切開，利用烤箱或乾燥的平底鍋烘烤至金黃酥脆。

2 混合美乃滋、辣根醬、醃黃瓜丁，再加入鹽和胡椒粉調味。

3 萵苣洗淨並撕成便於食用的大小，洋蔥切片並浸泡於冷水中去除辛辣味。

4 將對半切開的可頌麵包其中一面，塗抹上步驟2的醬料，再依序擺上萵苣、燻製鮭魚和洋蔥，最後將另一半可頌疊上即可。

試著使用奶油辣根醬

將放置於室溫而變軟的奶油加入辣根醬，充分混合。若搭配帶有少許油脂成分的食材，將能讓口感變得清爽。

義式的刀削麵
香菇奶汁麵疙瘩

簡樸卻心意滿點的餐點 麵疙瘩（Gnocchi），
搭配上香菇濃湯，濃郁的美味可說是絕品！

食　材

馬鈴薯300克
麵粉150克
雞蛋1顆
帕瑪森乳酪碎末1大匙
鹽1/4小匙
洋菇2杯
鮮奶油1杯
牛奶1/2杯
奶油1大匙
鹽少許
胡椒粉少許

料　理　方　法

1 馬鈴薯充分蒸透後去皮，若太燙，可搗碎或利用過篩網。

2 加入麵粉、雞蛋、帕瑪森乳酪末和鹽揉捏成馬鈴薯團。

3 揉捏成直徑1公分的長條狀，裁切成約莫一節手指的長度，利用叉子輕輕的壓出紋路，最後放進滾燙的熱水中煮3-4分鐘至全熟。

4 融化些奶油在平底鍋內，放進切片洋菇，翻炒至呈現出深咖啡色時，表示洋菇已經熟透。

5 加入牛奶和鮮奶油煮滾收汁至原先三分之二的量，並利用果汁機或蔬果機攪打得如同鮮奶油一般。

6 在步驟5加入步驟3的麵疙瘩熬煮約1分鐘，最後再加入鹽和胡椒粉調味即可。

美味提醒

製作麵疙瘩時必須挑選水分較少的馬鈴薯，這樣才不需加入太多麵粉而更加美味。若馬鈴薯水分較多，在蒸煮過篩後，可放置於乾燥的平底鍋上翻炒，待水分煎乾後再加以料理。

雞肉和雞蛋的結晶
親子丼

親子丼的日語原名為おやこ丼，
「おや」是指父母；「こ」則是指子女的意思。
做為父母的雞和身為子女的雞蛋一起料理而成，所以被稱為親子丼。
吃起來雖然感到有些歉意，真對不起！
但我會因此而更加用心品嚐的！

食　材

雞里肌200克
（大腿肉、雞胸肉等皆可）
清酒1/2大匙
洋蔥1/3顆
大蔥1條
雞蛋2顆
浸泡昆布的水1杯
（水1杯+5×5公分的昆布1張）
醬油3大匙
糖1+1/2大匙
雪利酒1大匙
白飯2碗

料　理　方　法

1 將昆布放進水中浸泡約30分鐘。

2 雞里肌肉切成一口大小，並加入清酒醃漬。

3 洋蔥切絲，大蔥則切成差不多的長絲狀。

4 在醬料鍋內加入昆布水、醬油、糖和雪利酒煮滾，接著再放進雞里肌和洋蔥熬煮。

5 雞肉熟透後加入大蔥煮滾，再將兩顆雞蛋充分打散加入鍋中，蛋熟後即可食用。

獨具異國風情的 鯷魚蒜味義大利麵

「有沒有什麼簡單的料理呢？」「那麼，鯷魚義大利麵如何？」
雖然不太容易，然而只要準備好鯷魚，
就能完成簡單又有質感的今日料理。

食　材

義大利麵160克
鹽少許
大蒜4瓣
辣椒（Peperoncino）3個
（若無法吃辣，可酌量放1-2個）
鯷魚3-4條
橄欖油適量
歐芹（Parsley）粉
或帕瑪森乳酪少許

料　理　方　法

1 加些鹽進沸騰的滾水中，讓義大利麵條充分的展開，依包裝上所示的料理時間約略少1分鐘。

2 在鍋內倒入橄欖油，並用薄鐮爆香蒜片。

3 加入切丁的辣椒和鯷魚拌炒至香味四溢。

4 放入義大利麵充分拌炒，若水分不夠，麵會容易變硬，此時請加入煮義大利麵時留下的水再翻炒，最後如同餐廳擺盤般，在麵上灑上些歐芹粉或乳酪。

美味提醒

何謂鯷魚？
盛產地中海的魚類，以鹽漬後使用於料理中的鹹魚。

何謂Peperoncino？
俗話說辣椒越小越辣，正是此種義大利辣椒Peperoncino的最佳寫照。

開胃的美味
海瓜子白醬義大利麵

義大利寬麵條（Fettuccine）、義大利大寬麵（Linguine）、
傳統寬麵（Pappardelle）、吸管麵（Bucatini）⋯
隨著形狀不同，義大利麵的名稱可說是成千上百。
不論哪一種麵條都會相當美味喔！
請試著搭配自己喜好的麵條來動手料理吧！

食　材

海瓜子1包
義大利寬麵條140克
（或義大利大寬麵）
大蒜2瓣
橄欖油少許
白酒1/4杯
水1/4杯
鮮奶油1+1/2杯
鹽少許
胡椒粉少許
歐芹粉 少許

料　理　方　法

1 海瓜子洗淨，並用鹽水去除海水的鹹腥味。

2 在鍋內倒入些橄欖油，同時將蒜頭拍碎爆香至散發出蒜香。

3 將海瓜子放入鍋中，加入水和白酒熬煮至海瓜子的殼打開。

4 將海瓜子撈起，原湯內加入鮮奶油（至鍋子約三分之二處），煮5-6分鐘收汁。

5 把義大利寬麵條放進滾水中川燙，約比包裝上的料理時間少1分鐘，再將麵撈出放入步驟4。

6 將先前撈起的海瓜子加入再煮1-2分鐘，接著加些鹽和胡椒粉調味，最後再灑些歐芹粉即完成。

連卜派水手也會感動的魚乾核桃馬克杯飯

卜派愛吃的菠菜纖維質滿分，
魚乾核桃飯則富含鈣質和蛋白質，
還富含對身體有益的不飽和脂肪喔！

食　材

小魚乾50克
核桃50克
大蒜1瓣
植物性沙拉油1大匙
醬油1大匙
糖1/2大匙
雪利酒1大匙
麥芽飴（Starch Syrup）1大匙
芝麻少許
白飯2碗

美味提醒

去除小魚乾的魚腥味

在炒小魚乾之前先用微波爐微波大約1分鐘左右，就能蒸發小魚乾水分，帶走魚腥味。

避免小魚乾口感變硬

料理時間若過長，小魚乾就很容易變硬，因此一旦放入小魚乾後，就要盡快料理完畢。

料　理　方　法

1 將小魚乾過篩，濾除雜質和碎屑，放入鍋中並加入不含水分的碎核桃乾一同拌炒。

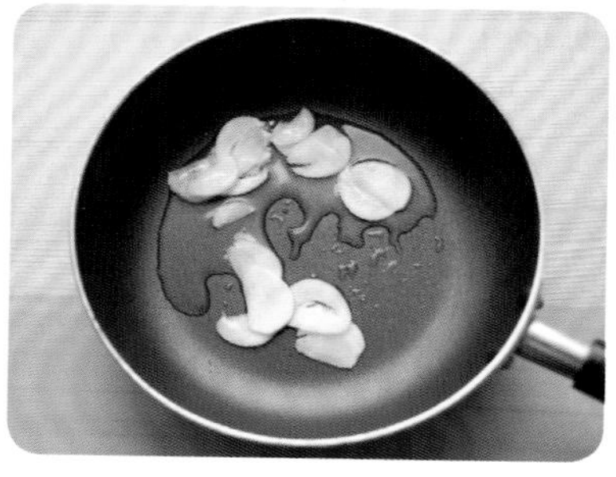

2 在鍋內倒入植物性沙拉油，加入蒜片爆香呈現焦黃色澤。

3 混入醬油、糖和雪利酒，熬煮到糖完全融化為止。

4 放入步驟1的小魚乾和核桃拌炒，最後再將火關掉，灑些麥芽飴和芝麻。

5 最後加進白飯充分拌勻即完成。

任誰都無法抗拒的帕尼尼烤肉三明治

昨晚剩下的烤肉片，還可以做出什麼料理呢？
只要用土司夾著吃，再配上滿滿的乳酪，
我們家的新餐點就此誕生！

食　材

烤肉牛肉片200克
義大利巧巴達麵包（Ciabatta）2片
*可用土司替代
洋蔥1/2顆
萵苣2片
愛曼塔乳酪50克
（或切達、義大利白乾酪）
美乃滋2大匙
第戎芥末醬2大匙
植物性沙拉油少許

烤肉醬料

醬油1+1/2大匙
糖2/3大匙
香油1小匙
蒜末1小匙
洋蔥丁1/2大匙
清酒1/2大匙

料　理　方　法

1 均勻混合醬油、糖、香油、蒜末、洋蔥和清酒。

2 將牛肉片浸泡於步驟1，再放進冰箱內冷藏約30分鐘醃製。

3 倒入少許植物性沙拉油至熱平底鍋中，翻炒洋蔥絲，並拌炒牛肉至不含水氣。

4 將美乃滋和第戎芥末醬混合，塗抹於其中一片巧巴達上。

5 在麵包上依序放上萵苣、烤肉和洋蔥，再灑上乳酪，最後蓋上另一塊巧巴達，放在烤架烘烤使乳酪融化，或是放進平底鍋內蓋上鍋蓋烘烤。

在烤肉醬料內加進梨汁

梨汁能讓肉質變嫩，肉本身的口感也會更加鮮美。

散發清爽綠茶香的茶泡飯

在日本電影導演小津安二郎執導的作品「茶泡飯之味[4]」中，
有一句：「夫妻就像是茶泡飯（お茶漬け）的滋味」的台詞。
這是什麼意思呢？或許有些枯燥乏味，卻恆久不變；
不新奇刺激，卻安詳平穩。不就是這種味道嗎？

[4] 原片名：お茶漬の味，小津安二郎於1952年執導的黑白電影。

食　材

鯷魚1塊（約70克）
白飯2碗
海苔1/4張
豆苗少許
昆布1張（約5×5公分）
鰹魚片（柴魚）6克
醬油2小匙
雪利酒1小匙
綠茶3克（或茶包1包）

美味提醒

何謂鰹魚片？

鰹魚風乾後加工而成的製品，為日本的湯料理中常用食材，可於日本食材專賣店內購買得到。

料　理　方　法

1 灑些鹽在鯷魚上，放入平底鍋煎烤。

2 將綠茶放進200毫升的熱水內泡開，約3分鐘左右。

3 在鍋中盛裝500毫升的水，放入昆布約泡10分鐘，再開火熬煮。

4 水滾後關火，放進鰹魚片，等鰹魚片全都沉澱於鍋底。

5 將步驟4過篩，取得毫無雜質的高湯，再利用醬油和雪利酒調味，最後再與步驟2的綠茶混合。

6 將烤過的鯷魚切碎，與切絲海苔同時放置於白飯上，淋上步驟5的昆布高湯就大功告成了。

爽脆酸甜的手工醃製醬泡菜

熬煮製作壽司醋時所散發出的酸味雖頗令人厭惡，
但只要稍微的忍耐一下，
世界上最清爽的家庭涼拌醬泡菜就完成了!

食　材

小黃瓜2條
迷你青椒4顆
粗鹽適量
花椰菜1/2顆
紅蘿蔔1/4條
青辣椒1條
紅辣椒1條
檸檬1/2顆
水2杯
醋1杯
糖1/2杯
鹽2大匙
醃漬辛香料2/3大匙

料　理　方　法

1 小黃瓜和迷你青椒用粗鹽洗淨，切成約3公分長條狀。

只要是較硬實的蔬菜類皆適用，可多運用如甘藍菜或白蘿蔔等各式蔬菜。

2 花椰菜剝成適當的大小，紅蘿蔔切成3公分左右條狀，辣椒大略切開，檸檬則切成圓片。

3 在鍋內加入水、醋、糖、鹽和醃漬辛香料滾煮3分鐘左右。

4 用熱水將玻璃瓶消毒後，將步驟2的蔬菜盛裝於瓶內，並倒入步驟3，靜置一夜便可食用。

美味提醒

蔬菜外型不需一成不變，可依照個人喜好切出各種模樣，若切成可愛的餅乾造型，更受小朋友們喜愛。

何謂醃漬辛香料？

醃漬時所使用的混合辛香料製品，含有月桂葉、桂皮、胡椒、丁香、芥末子、葛縷子等。

用途多元的
照燒醬

要料理出可口的美食，其中最重要的基本配備就是醬料。
只要預先調配好醬汁，這巧妙的小品便能替代醬油，多元運用於各式料理中。

食　材

醬油膏300毫升
雪利酒300毫升
清酒150毫升
糖90克
麥芽飴90克
洋蔥60克
大蔥（白色部分）1/2條
生薑10克
蒜20克
胡椒1/2大匙

料　理　方　法

1 洋蔥切成1/8等份，生薑和蒜大略粗切，大蔥對半直切。

2 在鍋內放入所有食材熬煮30-40分鐘，熬煮收汁至原先的一半。

3 數次過篩至濾除所有雜質。

4 盛裝至密閉的容器內保存，可替代醬油，讓料理的美味更鮮明。

美味提醒

更簡便的製作方法

醬油2小匙、雪利酒2小匙、麥芽飴1/2小匙，以及糖1小匙，加入洋蔥或蒜1-2塊，熬煮1-2分鐘再過篩使用。

part 3. 2:30 pm 甜美的午茶

倍感壓力時，甜點是最棒的特效藥！
暫時放下減肥的想法，為自己準備一頓甜美的點心吧。
一杯溫暖的咖啡，一塊杯子蛋糕，幸福的午後時光就此展開！

SUGAR
PEPPER
Wheat flour
RECIPE
HERSHEY'S SYRUP

大排長龍的
下午茶餐廳

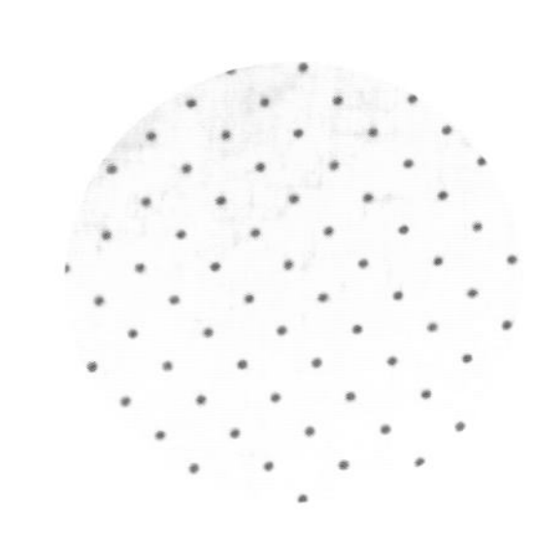
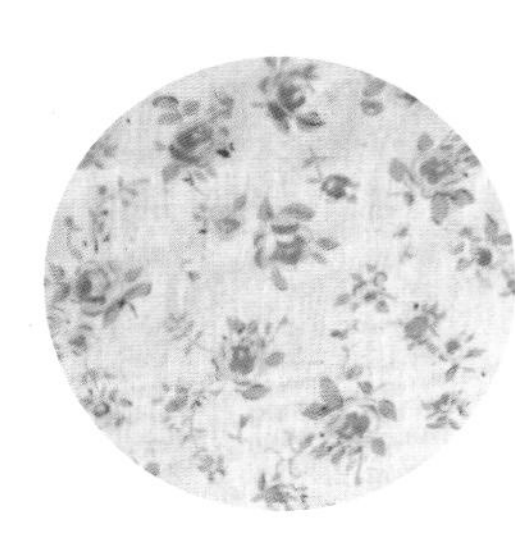

在尹大寧[5]的某部小說中，曾提到：「二十歲的時期就像是一口井，
井越深，這輩子能夠提出來喝的水就越多」這句話。
讀到這句話時，我曾想過：「我在二十歲的時期，這口井到底挖了多深呢？」
回想種種過往，不禁令我激動不已。
再也無法回首的昔日時光，更是一段輝煌而令人依戀的年少回憶，
當歲月流逝，現在這一刻也會成為我珍貴的回憶吧！
因此，別輕易錯過每一瞬間。

[5] 尹大寧：韓國當代作家，曾獲韓國李箱文學獎、現代文學獎等獎項。

Life is
just a cup of cake

一杯溫暖的咖啡，一塊杯子蛋糕，開啟了幸福的午後時光！

Life is just a cup of cake

人生可以比喻成什麼呢？

村上春樹在書中曾說，人生是無法得知會挑選到了什麼的手工餅乾盒[6]。

然而此處的人生，卻是傳達著幸福的杯子蛋糕般，

帶給人們歡笑、喜悅和愛。

這也就是「Life is just a cup of cake 」如此受歡迎的主要原因。

❻ 出自村上春樹著作《挪威的森林》。

首爾市龍山區漢南2洞738-16，02-794-2908，am11:00~pm9:00，週日公休

http://www.cupcake.co.kr/

「叮咚」一聲開啟了玻璃門，
就進入杯子蛋糕的天堂。

繽紛甜美的杯子蛋糕，
令人心情也跟著UP！
「今天要吃哪一個呢？」

All about Chocolate
藍莓奶油乳酪
覆盆莓奶油乳酪

媽媽經常這麼跟我說：

「如果一直說好痛、好痛，就會更痛；一直說好冷、好冷，就會更冷。」

「哼！哪有這種事啊！」

但現在的我卻不時想起這句話。

一直說好痛、好痛，就會更痛，所以不要一直想著痛；

若想著好累、好累，就會更累，所以不要一直覺得累。

用一杯甜蜜美味的杯子蛋糕，將堆在身上的疲勞一掃而空，

如此自我激勵著，用心度過美好的一天。

在弘大前閒逛時，偶然印入眼簾的Café- Be Sweet On，
以100% Mascarpone乳酪製成的提拉米蘇和香草冰淇淋，
以及伴著一小杯espresso的阿法奇朵（Affogato）。
歷時兩小時以上烘焙而成，裝飾著蘋果乾的酥脆派餅，
再加上漂亮點綴的甜點盤，無不使其倍增美味！
As always sweet moment comes suddenly！

首爾市麻浦區西橋洞334-13號，02-337-0855，pm2:00~pm11:00，節日公休

以精巧華麗的巧克力裝飾著
的提拉米蘇和阿法奇朵

小巧雅緻的神祕空間

濃郁香草奶油、蘋果和酥脆派皮的甜美組合
反烤蘋果塔（Tarte Tatin）

吃得到的奶茶 奶茶瑪德琳[7]

在電影「貓的報恩[8]」中，曾出現貓男爵的「貓男爵特製紅茶」，
每回看到常用來搭配烘焙小點心的伯爵茶（Earl Grey Tea）時，總令我不禁想起貓伯爵。
試著感受伯爵茶隱隱散發出的佛手柑香氣吧！

❼ 瑪德琳（Madeleine）來自法國外型似貝殼狀的午茶點心
❽ 由日本吉卜力工作室所製作的動畫電影。

食　材

低筋麵粉100克、泡打粉3克、雞蛋1+1/2顆、糖90克、牛奶50克、奶油95克、紅茶包2包、塗抹於烤盤內的奶油少許

烘　焙　方　法

1 將牛奶加熱後，泡入紅茶包1包。

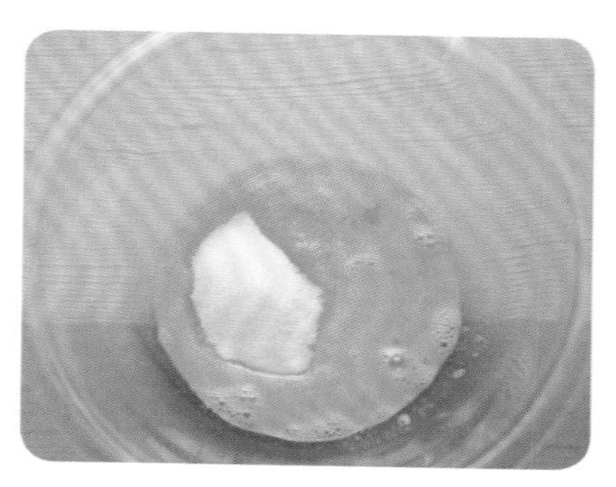

2 在碗內打入雞蛋，均勻打散後加入糖，再利用打蛋器混勻。

3 步驟2內加進步驟1中的紅茶牛奶再加以拌勻。

4 加入過篩後的低筋麵粉，再充分拌勻。

5 將奶油完全融化後，加入麵糰中拌勻。

6 拆開另一個茶包，將其中的茶葉加入麵糊中。

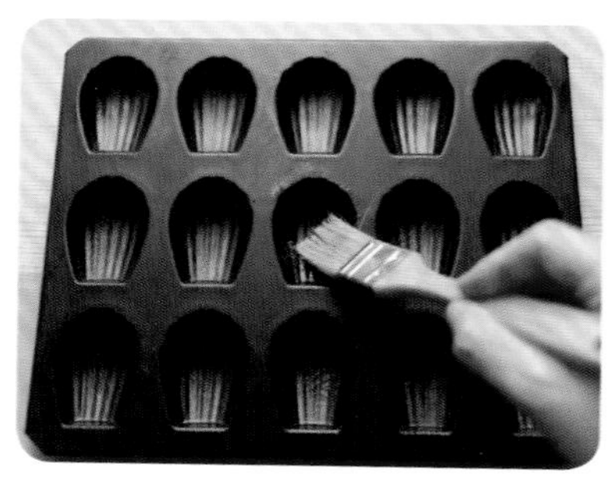

7 在烤盤上塗抹些許奶油。

8 將麵糊倒入模型約九分滿，放進烤箱用180度烘焙12分鐘即完成。

美味提醒

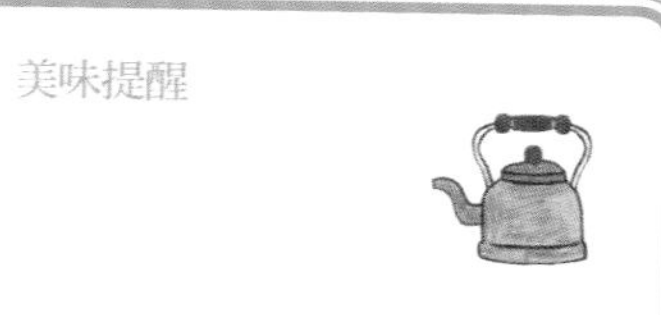

該用哪種紅茶來製作奶茶呢？

建議使用香氣久久不散的伯爵紅茶。

現烤出爐熱騰騰的巧克力蛋糕

最近弘大的人氣甜點就是這個熱騰騰的巧克力蛋糕，
從中湧現出的熱巧克力就如同熔岩般，
啊～熱呼呼的，真美味！

食　材

黑巧克力135克
（可可含量50%左右）
奶油65克
雞蛋2顆
糖45克
麵粉25克

烘　焙　方　法

1 將黑巧克力和奶油一同隔水加熱。

2 在雞蛋內加入糖，並充分的打泡。

3 在步驟2倒入步驟1的巧克力糊，快速的攪拌均勻。

4 加入過篩的麵粉後混合拌勻。

5 將麵糊倒入容器內約八分滿，再放進烤箱以180度烘焙10-12分鐘。

使用可放進烤箱內，外型呈凹陷狀的小型蛋糕模，以小火烘焙，烤出來的成果也會很棒唷！

下午茶不容錯過的香草烤餅

在悠閒的午後，感覺有些嘴饞，那就試著烤些手工餅乾吧！
走到陽台摘些迷迭香，加進烘焙呈金黃色的烤餅中，
伴著一杯溫暖的茶，享用悠然的午後時光。

食　材　（份量約六塊）

中筋麵粉250克
糖35克
鹽1/2小匙
泡打粉1小匙
奶油75克
雞蛋1顆
牛奶80克
依個人喜好加入香草少許
（迷迭香、百里香或義大利歐芹等）
塗抹於表面的牛奶少許

烘　焙　方　法

1 在碗內加入過篩的中筋麵粉、糖、鹽和泡打粉。

2 加入冷的奶油和香草，奶油切成豆仁般的大小，充分攪拌混合。

3 在麵糰的中心挖出一個凹洞，加入已均勻混合的雞蛋和牛奶。

4 將麵糰揉成圓球狀，以塑膠袋或保鮮膜密封好後，放入冰箱中冷藏30分鐘左右。

5 將麵糰壓成厚約2公分左右的圓餅狀，在表面上刷上一層牛奶，並用香草加以點綴，最後放進烤箱內以180度烘焙25分鐘就大功告成了。

試著仿效Café Shop的風格擺盤，

即使在家中也能盡情享受美好氛圍。

愛上
草莓小蛋糕

這世界上有著各式各樣的蛋糕，
但我的朋友卻只對鮮奶油蛋糕情有獨鍾。
下次與她見面時，
一定要為她親手製作
一口就能品嘗的迷你草莓鮮奶油蛋糕。

食　材

底座 雞蛋2顆、糖110克、低筋麵粉90克、麥芽飴15克、奶油20克
裝飾 鮮奶油200克、糖20克、草莓10顆

烘　焙　方　法

1 在雞蛋內加入糖、麥芽飴，利用手持攪拌器攪打發泡。

2 加入過篩的低筋麵粉並快速混合，再加進融化的奶油，同樣迅速攪拌混勻。

3 在烤盤鋪上烘焙紙，倒進步驟2的麵糊，利用刮板使表面平整滑順。

4 放入以180度預熱的烤箱內烘烤12分鐘左右。

5 待蛋糕冷卻後取出烘焙紙，以直徑6公分的圓刀裁切。

6 分次在鮮奶油內加糖，攪拌成較厚實的鮮奶油。

7 在切成圓形的蛋糕底座表面塗抹鮮奶油，放上切片的草莓。

8 覆上第二層圓形蛋糕，在上方塗抹鮮奶油後，放上一顆草莓做為裝飾。

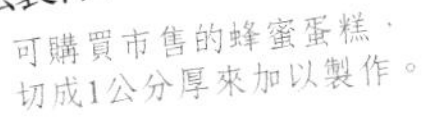

若無法製作出底座蛋糕時？

可購買市售的蜂蜜蛋糕，切成1公分厚來加以製作。

香濃綿密的香蕉布朗尼

據說，布朗尼是因其烘焙後成色為咖啡色而得名，
但我仍堅信它的名字源於傳說中的妖精，
每當夜幕低垂時，便在漆黑的家中遊蕩，而在人們睡醒前消
失得無影無蹤的妖精Brownie[9]。

[9] Brownie：英格蘭及蘇格蘭民間傳說中的妖精，據說居住在人類屋中，會在夜間活動並幫助人類。

食　材　（15公分的正方模具）

黑巧克力150克、奶油70克、黃砂糖70克、牛奶40克、鮮奶油30克、雞蛋1顆、低筋麵粉50克、可可粉12克、泡打粉2克、香蕉100克、裝飾用胡桃6顆

烘　焙　方　法

1 將蛋打散於碗中，再加入牛奶和鮮奶油充分混合。

2 將黑巧克力和奶油裝入碗中，隔水加熱或用微波爐加以融化。

3 加入黃砂糖，攪拌至略為融化。

4 在步驟3內緩緩的倒入步驟1，並充分拌勻。

5 加入過篩的低筋麵粉、可可粉和泡打粉，並加以攪拌均勻。

6 混入切丁的香蕉。

7 將烘焙紙鋪在能放進烤箱的四方型模具內，倒入巧克力麵糊，在最上方放些胡桃做為裝飾，最後再放進170度的烤箱中烘焙35~40分鐘即可。

喀滋！花生脆餅

當嘴饞時，可以喀滋喀滋地掰開來吃的脆餅，
看報紙時喀滋喀滋、看電視時喀滋喀滋、看漫畫時也喀滋喀滋。

食　材

糖180克、水45克、鹽1克、花生95克，以及植物性沙拉油（葡萄籽油、菜籽油等）少許

烘　焙　方　法

1 將烘焙紙鋪於烤盤上，或是用飯勺或抹刀塗抹上薄薄一層植物性沙拉油。

2 加入糖、水和鹽一同煮滾，滾開前雖可攪拌，但開始滾之後請勿攪拌。

3 當煮至咕嚕咕嚕起泡，且邊緣開始呈現咖啡色時關火，再加入花生，快速加以攪拌均勻。

4 攤平於烤盤上。利用抹了些沙拉油的飯勺或抹刀壓平，待完全冷卻後再裁切成方便食用的大小。

層出不窮的美好滋味
藍莓紐約乳酪蛋糕

非常感謝上次提供的乳酪蛋糕食譜，
深受Café客人們的喜愛。
這，就是我總想要不斷研發出美味食譜的最大動力。

食　材　（可製作20公分的四方形或圓形模具的份量）

餅皮　全麥餅乾（消化餅）90克、奶油35克

餡料　奶油乳酪（Cream Cheese）350克、糖95克、雞蛋2顆、玉米粉30克、酸奶油或原味優格100克、鮮奶油150克、檸檬汁1大匙、藍莓100克、灑在藍莓上的糖粉少許

烘　焙　方　法

1 在餅乾內加入奶油，並利用桿麵棍壓碎。

2 在烤箱專用的四方型模具內鋪上烘焙紙，在底部鋪滿碎餅乾後壓平。

3 在藍莓上灑些糖粉後，鋪在碎餅乾上方。

4 在碗內將奶油乳酪攪散，再加糖混合。

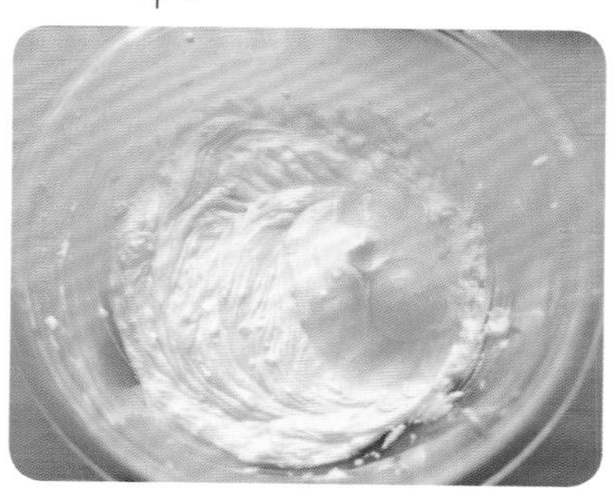

5 拌入一顆雞蛋。

6 依序加入玉米粉和優格，用打蛋器充分拌勻。

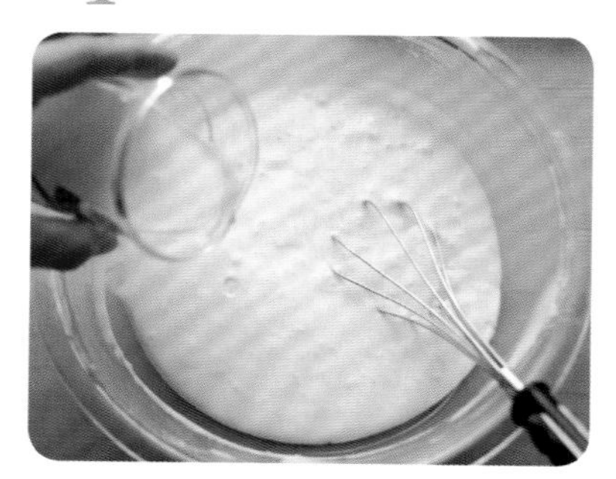

7 分次加入些許鮮奶油混合，接著再倒入檸檬汁拌勻。

8 在放入藍莓的模具內倒入步驟7，在烤盤上加水以180度烘焙20分鐘，再以160度烘焙40-50分鐘。

散發濃郁橙香的柳橙杯子蛋糕

繽紛香甜的杯子蛋糕雖然可口，但既然是在家裡製作，
就試著加入一些對健康有益的食材吧！
不知不覺間，整個廚房瀰漫著濃郁而清爽的橙香。

食　材　（7個的份量，鬆餅杯5~6公分大小）

中筋麵粉150克、泡打粉1小匙、雞蛋2顆、奶油120克、糖110克、柳橙1顆（橙皮和柳橙原汁2大匙）、粗鹽適量、裝飾用開心果或橙皮適量

奶油乳酪裝飾 奶油乳酪200克、糖粉80克、橙皮1小匙、柳橙汁2小匙

烘　焙　方　法

1 在柳橙表面抹些粗鹽，再淋些熱水將其清洗乾淨後，磨下橙皮與糖混合，並榨出橙汁備用。

2 在已放置於室溫中融化的奶油內加入橙皮和混合好的糖粉，再度混合均勻。

3 分次打入兩顆雞蛋，並充分攪散。

4 加入過篩的中筋麵粉和泡打粉，攪拌均勻後，再加入兩大匙的柳橙汁混勻。

5 先在鬆餅模具內放入免洗鬆餅杯模，再放進麵糰，以180度烤箱烘烤25分鐘。

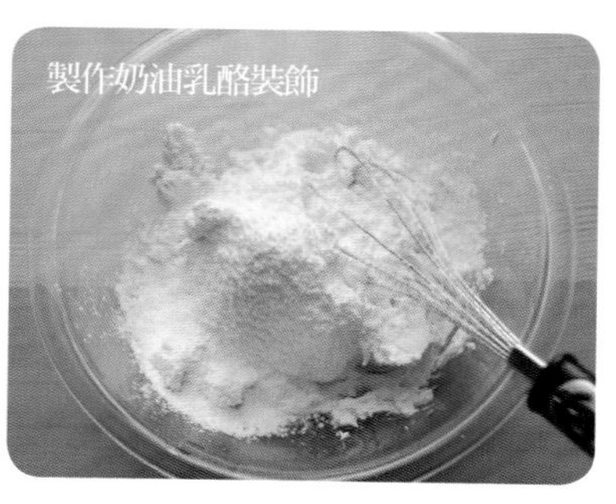

製作奶油乳酪裝飾

6 奶油乳酪攪拌鬆軟後，接著，加入過篩的糖粉拌勻。

7 分次倒入橙皮1小匙和柳橙汁1小匙後充分混合。

8 在烤好的杯子蛋糕上塗抹鮮奶油，用擠花嘴擠出花樣或用柳橙皮做裝飾即可。

綿密焦甜的焦糖牛奶布丁

澳門議事亭前地左側大排長龍的簡陋小店，
櫃上擺著滿滿的牛奶布丁，
純粹濃郁的口感，至今仍令我難以忘懷。

食　材

（6個玻璃瓶的份量）

牛奶300克
鮮奶油80克
雞蛋80克（約1+1/2顆）
糖50克
焦糖糖漿（糖100克+水40克）

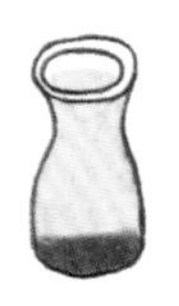
焦糖牛奶布丁

烘　焙　方　法

1 將糖和水混合熬煮至呈現咖啡色澤為止，製作出焦糖糖漿。

2 將焦糖糖漿分裝入用熱水消毒過的玻璃瓶中。

3 在鍋內加入牛奶和鮮奶油，以小火熬煮。

4 在雞蛋內加入糖，用打蛋器充分攪拌，打出清澈的顏色。

5 在步驟4內緩緩的倒入步驟3，同時使用打蛋器充分攪拌，若有結塊，請過篩濾除。

6 在倒入焦糖糖漿的玻璃瓶內加入步驟5，並於烤盤上加水，放進烤箱以150度隔水烘烤50分鐘左右。

健康享受
紅蘿蔔蛋糕

小時候特別討厭吃煮熟的蘿蔔，尤其是咖哩裡的紅蘿蔔。
捏住鼻子、深呼吸地一口吞下，啊～即使到如今我仍舊討厭。
卻獨愛加進蛋糕裡的紅蘿蔔。

食　材　（直徑約15公分圓形模具的份量）

低筋麵粉150克、糖120克、泡打粉1小匙、肉桂粉1/2小匙、鹽1/2小匙、雞蛋2顆、蛋黃1個、植物性沙拉油90毫升、紅蘿蔔150克｜塗醬為奶油乾酪（Cream Cheese）150克、糖20克，鮮奶油100克為裝飾用。

烘　焙　方　法

1 紅蘿蔔去皮，再將紅蘿蔔切成細絲。

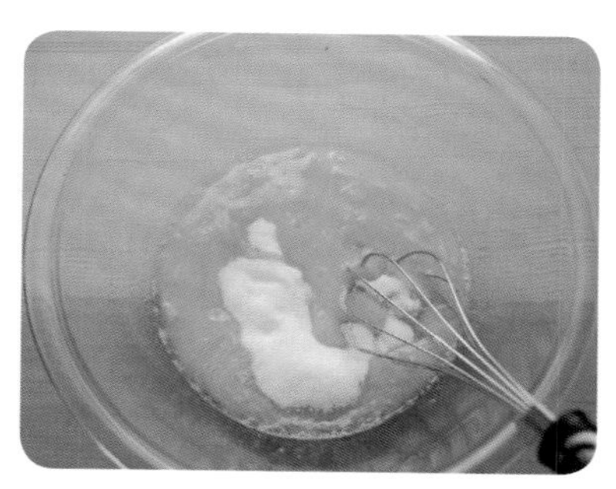

2 在碗內加入雞蛋和蛋黃，用打蛋器攪拌均勻後，再加入鹽、糖和植物性沙拉油，再次充分拌勻。

3 拌入過篩的中筋麵粉、泡打粉和肉桂粉。

4 拌入過篩的中筋麵粉、泡打粉和肉桂粉。

5 倒入抹好奶油或鋪上烘焙紙的模具內，放進烤箱以180度烘烤30分鐘左右。

6 將烘焙完成的蛋糕放涼後，切成約1公分厚。

7 奶油乾酪放置於室溫中融化，拌入糖後，充分攪拌至結實。

8 在切開的蛋糕一面抹上奶油乾酪醬，放上另一塊蛋糕後，同樣再抹上奶油乾酪醬，接著再覆上最後一片蛋糕後，就大功告成了。

招待客人的絕佳甜品 草莓慕斯

「想邀請朋友來新家參加喬遷派對，可以推薦我一些有質感的甜點嗎？」
這還用多說，一定就是草莓慕斯了。
「如何？人氣百分百吧？」

食　材　（約2人份）

草莓果泥80克
（草莓100克+糖10克）
糖35克
檸檬汁4克
吉利丁4克
鮮奶油120克

草莓慕斯

烘　焙　方　法

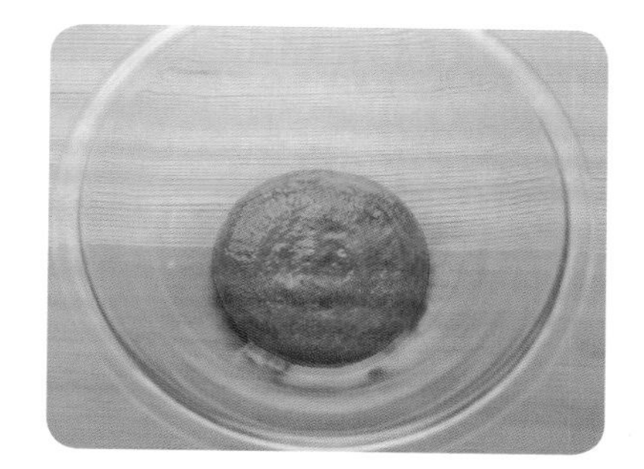

1 加入草莓100克和糖10克煮滾再打成泥狀，即為80克左右的草莓果泥。

2 將吉利丁放進冷水中浸泡20分鐘以上。

3 稍稍的熬煮鍋內的草莓果泥、糖和檸檬汁，再放入軟化的吉利丁。

4 將步驟3稍微放涼，將鮮奶油攪拌至紮實後，先放入1/3的鮮奶油，充分拌勻。

5 再將攪拌至較硬有口感的鮮奶油混入並拌勻。

6 盛裝進杯子中，同時放入冰箱冷藏2個小時以上即可。

雙倍香甜的巧克力餅乾

想知道誰才是殺人兇手的心情難熬，
但更令我難熬的是出現在眼前的餅乾食譜。
邊吃著巧克力餅邊閱讀Joanne・Fluke的《巧克力餅乾殺人事件⑩》。

⑩《Chocolate Chip Cookie Murder》：由Joanne Fluke所著的推理小說，特色為書中有大量的餅乾食譜。

食　材
（約直徑7公分×20個）

奶油160克
黃砂糖110克
雞蛋1顆
低筋麵粉190克
可可粉15克
泡打粉1小匙
巧克力90克

烘　焙　方　法

1 奶油放置於室溫中融化變軟，再混入黃砂糖。

2 將雞蛋分3-4次拌入。

3 低筋麵粉、可可粉和泡打粉全都過篩後一次混合，並用飯勺以直切的方式加以攪拌。

4 最後加入巧克力，用飯勺攪拌至集結成塊。

5 捏製成圓形的餅乾狀，以一定的間隔放置於烤盤上，再透過以180度預熱過的烤箱烘焙13-15分鐘。

酥脆可口的
杏仁義大利脆餅

雖然奶油酥餅（Sable）令人著迷，
但偶爾也會懷念起Biscotti的香脆口感。
歷經兩次烘烤的Biscotti，
浸些咖啡再入口，會更加美味喔！

食　材

高筋麵粉150克
杏仁粉25克
奶油50克
雞蛋1顆
糖85克
小蘇打1/2小匙
杏仁片50克

烘　焙　方　法

1 將奶油放置於室溫下軟化後，加入糖，並利用打蛋器充分拌勻。

2 將雞蛋分成2-3次加入，並充分攪拌。

3 加進過篩的高筋麵粉、杏仁粉、小蘇打，以及杏仁片，再用飯勺以直切的方式攪拌。

4 將麵糰揉成圓形後，放進冰箱冷藏30分鐘左右，再捏揉成橢圓形，放進烤箱以160度烘烤20-25分鐘。

5 將烘好的餅乾放置於冷卻網上放涼，再利用麵包刀切成厚片。

6 將切片的餅乾放置於烤盤上，先以170度烘焙10分鐘，再翻面烘烤約5-6分鐘即可。

若厭倦了平凡的提拉米蘇 BerryBerry提拉米蘇

「姊姊，聽說星巴克推出新點心了？」「喔喔～真的嗎？」
那道新甜點就是BerryBerry提拉米蘇。
太棒了！我當然不能錯過要在家中試做看看囉！

食材（甜點杯4-5杯份）

乳酪慕斯

瑪斯卡邦乳酪（Mascarpone Cheese）
或奶油乳酪250克
糖50克
檸檬汁2小匙
鮮奶油200克
原味優格80克

莓果糖漿

莓果漿85克
（草莓或覆盆子100克+水10克）
水70克
糖40克

搭配材料

手指餅或蜂蜜蛋糕1包
裝飾用莓果適量
（草莓、覆盆子、藍莓等）

烘焙方法

1 在莓果糖漿內加入40克的糖和70克的水拌勻溶解，煮滾後放涼。

2 同時熬煮100克草莓和10克水，以製成85克莓果漿，再將步驟1的糖漿加入混合。

3 利用打蛋器將鮮奶油攪拌至略為起泡的程度。

4 將瑪斯卡邦乳酪拌軟，再加入糖充分攪拌。

5 加入檸檬汁、優格和鮮奶油拌勻。

6 在杯內盛裝入手指餅，再倒入滿滿的莓果漿，接著，在最上方倒入乳酪慕斯，並用莓果裝飾。

裝滿了香甜蘋果的 蘋果奶酥派

令白雪公主無法抗拒的紅蘋果，
直接吃雖然也很香甜，
但調理成金黃色的Apple Crumble，
其甜美程度更為加倍！
若搭配冰淇淋吃時，一整天的疲憊就
唰～消失不見了！

食　材

蘋果300克
奶油30克
糖30克
檸檬汁1/2大匙
肉桂粉些許
香草豆1/2條（可省略）

表層碎果派皮

低筋麵粉35克
糖35克
奶油35克
杏仁粉35克
肉桂粉1克
杏仁片20克

烘　焙　方　法

1 將蘋果大略切成四等份，並灑些檸檬汁。

2 在平底鍋內加入糖和奶油煮至完全融化，再加入蘋果拌炒。

3 炒蘋果時，可依照個人喜好加入杏仁粉或香草豆同時拌炒，最後放涼備用。

4 加入過篩的低筋麵粉、糖、肉桂粉和杏仁粉，並加進奶油一同攪拌。

5 混入杏仁片備用。

6 在容器內倒入步驟3的蘋果，接著再鋪上備用覆蓋於表層的派皮，放進烤箱中以180度烘焙15-20分鐘就大功告成了。

光看就感到甜滋滋的爽口果醬優格

我喜愛的Café Shop內，最有人氣的甜品是莓果優格。
雖然相當可口，價格卻令人感到有些距離，
那麼，就試著在家裡製作品嚐吧！

食材（甜點杯2杯的份量）

低筋麵粉65克
杏仁粉65克
黃砂糖65克
奶油50克
蛋黃1顆
草莓果醬2大匙
莓果類適量
（草莓、藍莓或覆盆子等）
原味優格300克

烘　焙　方　法

1 將低筋麵粉、杏仁粉和黃砂糖過篩裝進碗中，再放進冰的奶油，利用飯勺用直切的方式攪拌。

2 加入蛋黃，用手攪拌揉捏呈碎片狀。

3 將麵糰用保鮮膜封好後，放進冰箱冷藏30分鐘左右。

4 從冰箱取出麵糰，攤平於烤盤上，用烤箱以180度烘烤7-8分鐘。

5 在草莓果醬內混入適量莓果。

6 在甜點杯內倒入約半杯的優格後，先倒些草莓果醬，再倒入優格，最後再加入步驟4和莓果裝飾。

入口即化的 NAMA CHOCOLATE

有如四方形磚塊般，被稱之為NAMA的生巧克力，
入口即化的口感，在舌尖上留下淡淡的香甜。

食　材
（15公分四方形的份量）

黑巧克力200克
鮮奶油100克
麥芽飴15克
奶油20克
伯爵茶5克
可可粉適量

放進巧克力盒內再加以包裝的話，不失為一項體面的禮物。但若天氣較溫暖時，巧克力很容易融化，請多加留意！

伯爵巧克力

烘　焙　方　法

1 壓碎黑巧克力，並準備好已融化於室溫下的柔軟奶油。

2 放入鮮奶油和飴糖煮滾，再加入伯爵茶煮5分鐘左右，最後濾除茶葉。

3 在壓碎的黑巧克力內加入步驟2，稍微攪拌融化。

4 緩緩融化攪拌的同時，加入變軟的奶油再加以拌勻。

5 倒入步驟4，並用保鮮膜將容器密封，在冰箱內冷藏3-4小時，使其凝固。

6 待巧克力變硬後，切成長寬皆2公分左右的巧克力塊，再灑些可可粉即可。放置於室溫中容易使巧克力融化，請放在冰箱內保存。

大口咬下綿密美味的葡式蛋塔

在香港的大街小巷間穿梭時，偶然遇見的蛋塔。
金黃色光芒的蛋奶醬環繞著香酥的派皮，令我不禁一見鍾情。

食　材

派皮

中筋麵粉150克
奶油95克
鹽2克
糖5克
水50克

蛋奶醬

牛奶250克
蛋黃3顆
糖50克
玉米粉22克
奶油10克
香草豆1/2條（可省略）

烘　焙　方　法

1　加入過篩的中筋麵粉，再放入切塊的冰奶油，用手攪拌混合。

2　在麵粉中挖一個洞，並加入鹽、糖和水，再加以揉捏。

3　將麵粉揉成麵糰，利用保鮮膜或塑膠袋密封住，放進冰箱冷藏約1小時。

4　將麵糰從冰箱內取出，將其平推成厚度0.3公分左右的麵皮，再用圓刀或造形刀具裁切成圓形。

5　在模具內鋪入麵皮，用叉子戳洞壓出氣體，接著用烤箱以180度烘烤15分鐘左右。

蛋奶醬的製作方法，請參閱第176頁。

6　用壓花袋或湯匙，將蛋奶醬盛裝於烘烤好的派皮內，最後再用烤箱以200度烘烤10分鐘左右。

製作蛋奶醬（Custard）

烘　焙　方　法

1 將蛋黃充分打散，再依序加入糖和玉米粉拌勻。

2 在鍋內加入牛奶和香草豆，稍微煮一下。

3 步驟2滾開後倒入步驟1，並利用打蛋器充分攪拌至毫無結塊。

4 將步驟3再次倒進鍋內煮，用打蛋器同步攪拌熬煮至呈現濃稠狀，最後再拌入奶油。

5 倒入四方形容器後用保鮮膜包覆好，容器上方也用保鮮膜密封，再放進冰箱內冷藏備用。

我所深愛的紅茶

LUPICIA

已正式引進台灣的日本品牌——LUPICIA，
與其他市售品牌相比，是物美價廉的美味紅茶，
比櫻桃果茶或櫻桃綠茶具有更為清爽的口感
是絕佳的冰飲茶。

*推薦：櫻桃果茶、伯爵紅茶
http://lupicia.com.tw

Mariage Frères

法國品牌Mariage Frères向來以各式各樣的調味茶自豪，
皇家婚禮茶是以濃郁的巧克力和添加了焦糖香的奶茶調製而成
散發出西藏花果香的馬可波羅茶，沖泡成冰茶時風味更是獨特。

*推薦：皇家婚禮茶、馬可波羅茶、Éros Tea
http://www.mariagefreres.com/

WEDGWOOD

不知是否因為其名稱的關係，每到週末總覺得似乎應該要品嘗一下
Weekend Morning，才算是週末清晨。
純粹順口的美味，正是適合早餐飲用的晨茶。
瀰漫的紅茶香氣，不知不覺令人開始期待起週末了。

*推薦：Weekend Morning
http://www.wedgwood.com.tw

Karel Čapek

日本的紅茶品牌Karel Čapek
與茶的品質和口感相比，其插畫更負有盛名。
尤其是年初的歡迎茶以及每年推陳出新的聖誕茶，
「這次又會畫出怎麼樣的插圖呢？」，真令人滿心期待。

*推薦：Caramel Tea、Girls Tea

http://www.karelcapek.co.jp/

TWININGS

英國紅茶品牌TWININGS所生產的Lady Grey仕女伯爵，
是屬於香氣濃烈的伯爵茶種類之一。
其久久不散的濃郁香氣，
與其直接飲用，更適合加入烘焙或料理中。

*推薦：Lady Grey Tea

http://www.twinings.com.tw/

FAUCHON

位於巴黎的高級食材店FAUCHON，
販售各式各樣的烘焙、酒和茶及飲食。
品嘗著FAUCHON的蘋果茶，清爽的口感令人著迷

*推薦：Apple Tea

http://www.fauchon.com/

part 4. 4:00 pm 香味四溢的一盞茶

忙碌的一天當中，難以優閒的坐下喝杯茶，
暫且空出些許時間，休息一下吧！
因為，午茶時光是送給認真了一下午的自己的小禮物，
在這略微感覺疲勞和饑餓的時間，
一杯香味四溢的茶，喚醒我所有的五感知覺。

獨具誘人飲品的餐廳

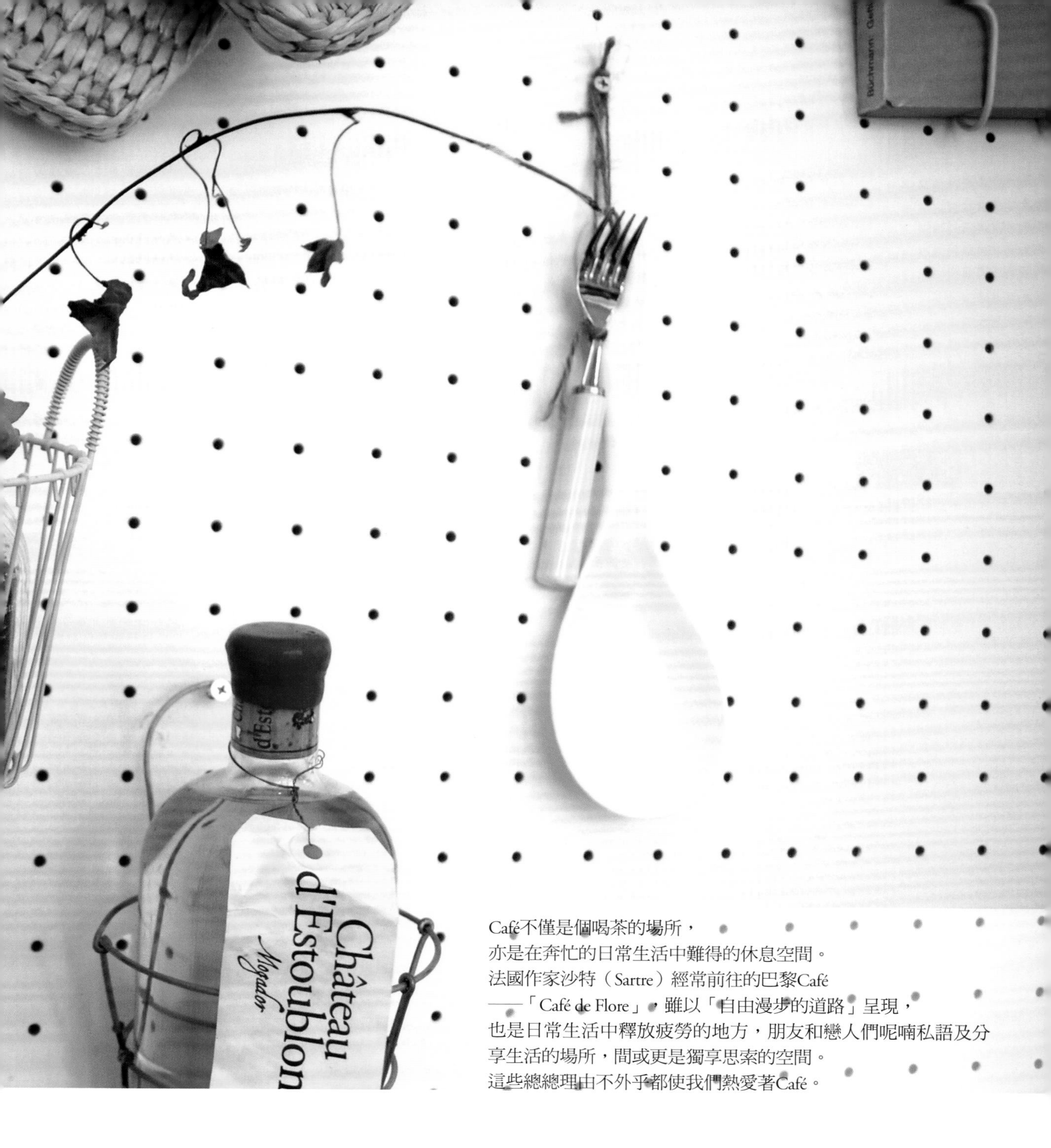

Café不僅是個喝茶的場所，
亦是在奔忙的日常生活中難得的休息空間。
法國作家沙特（Sartre）經常前往的巴黎Café
——「Café de Flore」，雖以「自由漫步的道路」呈現，
也是日常生活中釋放疲勞的地方，朋友和戀人們呢喃私語及分享生活的場所，間或更是獨享思索的空間。
這些總總理由不外乎都使我們熱愛著Café。

Bistro Café
Crêperie Sucrerie
et
M'amie
Atelier Mon poussin

Gateaux et M'amie

有些許感冒症狀時飲用，讓身體暖和起來地濃縮咖啡般濃郁的巧克力茶。
其中最深受我所喜愛甜美的香味撩動著我的鼻尖，
瀰漫著滿滿香氣的Gateaux et M'amie，
以及即使在夏季，視覺上讓眼睛為之一亮的清爽紅色mammee碳酸飲料，
還有適於減肥期間品嘗的Gateaux et M'amie飲品。

首爾市麻浦區西橋洞337-15號1樓，02-326-1095，pm2:00~pm11:00，例假日公休

CAFE 5CIJUNG

陶醉於五大詩篇的心情，如同其名般的抒情CAFE 5CIJUNG，
懸掛在店前的是孤獨多情的彩子（あやこ）畫作、
砧板上的趣味擺設都相當美好，
但最深受我喜愛的，便是顧慮道健康層面的各式餐點。
在蜂蜜內滿滿加入成熟柳橙所調製而成的柳橙茶，
以及拌入紅柿和優格，善於用來解宿醉的紅柿奶昔，
透過質地良好抹茶粉所製成的令五臟六腑感到舒暢的美味煎茶，
真感謝您，CAFE 5CIJUNG！

首爾市將南區新沙洞525-11 1樓，02-512-6508，週二~週六 am11:00~pm12:00，週日~週一 pm1:00~pm10:30

略苦綿密的美味煎茶，
裡頭還藏著可口的紅豆和年糕。

陶醉於五種詩篇的心情就是5CIJUNG，
彩子（あやこ）畫作以及洋洋灑灑於桌面上的陽光，
每次前往，總令人覺得廣受到熱烈地歡迎。

利用成熟柳橙製成的金黃色維他命茶

綿密香甜的紅柿奶昔

清涼爽口的優格雪酪

牛奶與優格的清新爽口搭配！

吃下第一口的瞬間，我的臉也不由得Smile～

食　材

牛奶300毫升、原味優格300毫升、糖50克、檸檬汁1/2顆份量（約2大匙）

料　理　方　法

1 將牛奶100毫升略微溫熱，加入糖後放置至全涼。

2 在大碗內加入優格，再混入剩下的200毫升牛奶、加糖及溫熱過的牛奶和檸檬汁。

3 混合步驟1和步驟2，盛裝於四方形的容器中，放置於冰箱內約1個小時左右凝結。

4 每隔30-60分鐘，再利用叉子攪散，反覆3~4次即可。

冰淇淋與雪酪的差別

冰淇淋（Ice Cream）是以鮮奶油為主成分的製品，含高乳脂肪含量，食用溫度較低，口感綿密溫厚。雪酪（Sherbet）常以水果為主材料，牛奶與巧克力也可製成雪酪，特色在於不添加多餘的鮮奶油，口感偏清爽，熱量較低。

爽口香甜的綠茶冰淇淋

清爽的草綠色，盛裝著大自然的綠茶苦味，
是味覺與視覺的雙重饗宴。

食　材

蛋黃2顆、牛奶1+1/2杯、鮮奶油1+1/2杯、糖70克、麥芽飴15克、綠茶粉1大匙

料　理　方　法

1 在鍋內加入牛奶和綠茶粉，煮至鍋邊略為起泡的程度。

2 在碗內加入兩顆蛋黃、糖和麥芽飴，利用打蛋器充分加以攪拌。

3 接著慢慢加入綠茶牛奶，同時透過打蛋器充分混合。

4 均勻拌勻後，再盛裝為步驟1的鍋內，用小火熬煮，同時用飯勺攪拌。

5 將步驟4過篩，放涼至略微溫熱的狀態。

6 利用打蛋器或手持攪拌器，將鮮奶油攪打得較為結實。

7 充分的混合步驟5和步驟6，再盛裝於四方形的容器內，放置於冷凍室結凍後，再利用叉子在每間隔1小時挖攪開即可。

美味提醒

若使用質地較好的抹茶粉製作，將能呈現出更為鮮明漂亮的色澤。

大人式的甜點
義式濃縮咖啡冰沙

「咖啡有如暗夜般漆黑，又有如爵士般溫暖，
當我將那小小的世界一飲而盡時，風景為我祝福[11]。」
村上春樹對咖啡的這段描述，是我最深愛的文句。

[11] 出自村上春樹著《爵士群像》，時報出版。

食　材

濃縮咖啡50毫升（或是熱水50毫升+即溶咖啡1大匙）、飲用水500毫升、糖75克

料　理　方　法

1 從飲用水500毫升中取出100毫升，並於其中加入糖和濃縮咖啡，熬煮至糖完全融化為止。

2 在剩下飲用水內加入步驟1，充分混合後倒入四方形的容器中，再放置於冷凍室內結凍。

3 結凍後，每間隔1個小時利用叉子挖攪，必須經常攪拌，才能製作出質地綿滑的義式冰沙（Granita）。

偶爾在家中想品嘗一杯咖啡時，我就會使用摩卡壺。大部分義大利人家中，都會利用摩卡壺煮濃縮咖啡。只要有這個小小的摩卡壺，便能品嘗新鮮咖啡原豆所沖泡出的美味，這也經常運用於烘培或料理中，是非常便利的工具之一。

來自義大利的 義式奶酪

義式奶酪（Panna Cotta）在義大利文是「Cooked Cream」之意。
試著在美味的奶酪中，增添酸甜的藍莓口感吧！

食　材

鮮奶油125毫升
牛奶60毫升
糖30克
吉利丁2克
香草豆1/2條（可省略）
藍莓果漿（請參考第61頁）

義式奶酪

料　理　方　法

1 將吉利丁放進冷水浸泡20分鐘以上備用。

2 在鍋內加入牛奶和糖，並取出香草豆籽加入熬煮。

3 務必將浸泡過後的吉利丁先擠乾後加入，待其融化，再放置至溫熱的程度。

4 利用打蛋器將鮮奶油略為攪打得較為結實。

5 加入3/1左右的鮮奶油至步驟3攪拌，剩下的鮮奶油再分兩次加入混合。

6 盛裝於容器內，待3~4小時凝結後，在上方倒入糖煮藍莓就完成了。

繽紛的甜美誘惑
甜酒凍

略帶苦澀的紅酒雖也相當甜美，
然而順口的白酒也毫不遜色。
放入滿滿的清爽水果，
試著做出口感滑溜的白酒凍吧！

食　材

水150毫升、糖60克、白酒200毫升、檸檬汁1大匙、片狀吉利丁（Blatt Gelatine）6克、水果（覆盆莓、藍莓、水蜜桃等）適量

料理方法

1 將吉利丁放進冷水中浸泡約20分鐘，再瀝除水分。

2 在鍋內放入水和糖，熬煮至糖完全融化後，再加入吉利丁，並加以融化。

3 放涼至溫熱狀態後，加入白酒和檸檬汁，充分混合。

4 將水果切成在杯中方便食用的大小，並盛裝入容器中，再倒入步驟3，並放進冰箱中冷藏4~5個小時以上至完全凝固。

美味提醒

想要試做看看，卻苦無白酒？

此時可改用被稱之為蘋果酒醋（Apple cider）的市售商品。百貨公司地下的食品賣場即可購得，價格較為便宜，且口感非常香甜。

溫暖寒冬的熱巧克力

憂鬱的時候、
事事不盡順心的時候、
心情感到些許鬱悶的時候，
來一杯香甜濃郁的熱巧克力，
小小的一杯，無論何時何地都是最實在的慰藉。

食　材

黑巧克力80克、鮮奶油30克、牛奶250克、可可粉2大匙

料　理　方　法

1 在碗內盛裝已裁切得較小的黑巧克力，若原本就是小塊巧克力，則可直接使用。

2 充分的混合鮮奶油和牛奶，煮至鍋子邊緣開始些微起泡的程度。

3 加入可可粉，並使用打蛋器充分拌匀。

4 倒進碗中，待3~4分鐘巧克力自然融化後就大功告成了。

美味提醒

該使用何種巧克力呢？

我常用的是callebaut[11]可可含量50%左右的黑巧克力，但略帶些苦味，因此建議一開始使用可可含量30%左右的牛奶巧克力即可，或是依照個人喜好再加入糖漿或糖。

[11] 比利時巧克力品牌。http://www.callebaut.com/

將疲勞一掃而空的橙茶

在車內昏昏欲睡……

書桌前打瞌睡……

維他命C不足的時候，柳橙啊，幫幫我！

食　材

柳橙3顆、粗鹽適量、生薑1塊、蜂蜜適量、有機黃砂糖適量

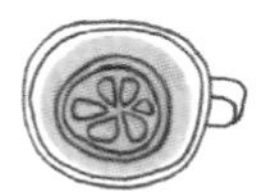

料　理　方　法

1 柳橙表面抹上粗鹽，並用水搓洗，再放進熱水約30秒左右洗淨，並將生薑去皮放入。

2 將生薑和柳橙切成薄片。

3 用熱水消毒過的玻璃瓶內依序加入1片柳橙、黃砂糖1大匙、柳橙1片、蜂蜜1大匙，盛裝至全滿。

4 在其中放入1片切成薄片的生薑，放置1週以上發酵成熟後，再沖泡熱水飲用。

充分利用剩餘的紅酒
桑格麗亞水果酒

首次在西班牙賽哥維亞（Segovia）
品嘗到桑格麗亞（Sangria），
血紅如寶石般的色澤，照耀著我們的時光，
為我們譜下了無限美好的回憶，謝謝你！

食　材

紅酒1瓶（750毫升）、柳橙汁1杯、汽水1杯、糖漿1/4杯（水30克+糖30克）、蘋果1顆、柳橙1顆、檸檬1顆、粗鹽適量、蘇打水適量

料　理　方　法

1 將粗鹽抹於蘋果、柳橙和檸檬外皮洗淨水果，並帶皮切成薄片

2 混合糖30克和水30克，熬煮成糖漿。

3 在大茶壺中裝滿步驟1的水果，以及紅酒、柳橙汁、汽水和糖漿，再充分混合。

4 放進冰箱冷藏3~4小時左右，待成熟至充分散發出水果香氣後，再依照個人喜好加入蘇打水飲用。

美味提醒

製作桑格麗亞時，該使用何種紅酒呢？

與其考慮桑格麗亞該挑選何種紅酒，更建議使用先前飲用剩下的紅酒即可，不需刻意使用質地優良的高級紅酒。

香甜中帶點苦澀的阿法淇朵

阿法淇朵（Affogato）究竟是怎麼被發想出來的呢？
苦澀的咖啡與甜美冰淇淋的邂逅，如此無懈可擊。
朋友，請等等！我完美的另一半也即將現身！

食　材

香草冰淇淋2球、濃縮咖啡1杯（約30毫升）

料　理　方　法

1 利用摩卡壺或意式咖啡機泡出濃縮咖啡備用。

2 在杯內盛裝香草冰淇淋，再倒入濃縮咖啡即可。

阿法淇朵（Affogato）

我最深愛的「Spring come, Rain fall」阿法淇朵

鮮甜的覆盆子雞尾酒

當朋友們齊聚於家中的某一天，
端出特地為大家準備的歡迎茶，
啊，歡迎各位來到我家！

食　材

泡得較濃的紅茶400毫升、覆盆莓（或草莓、奇異果、哈密瓜等）少許、檸檬少許、白酒100毫升、糖漿2大匙（依照個人喜好調整）

料　理　方　法

1　將紅茶葉放進400毫升熱水中沖泡至茶葉完全舒展開來，再放涼備用。

2　洗淨覆盆莓備用，同時將檸檬切成薄片。

3　在大茶壺內裝入步驟2，混合白酒和糖漿，接著放進冰箱冷藏後即可飲用。

美味提醒

- 將等量的糖和水熬煮成糖漿備用。
- 若使用具有水果香氣的紅茶將更為美味。
- 紅茶泡製的時間會依照產品而有所不同，普通則是在400毫升的熱水內加入1大匙的紅茶葉，泡約3分鐘左右。

Special tip 專為下午茶時光特製的杯墊

針織手作

用勾針簡易製作而成的杯墊
搭配世界上獨一無二的杯墊，讓下午茶時光更顯得獨特萬分。

利用毛氈和蕾絲手作

試著利用毛氈和蕾絲製作出專屬自己的杯墊吧！
詳細製作方法，請參考Ryuhong的網站：www.ryuhong.com

運用零頭布製作杯墊

準備材料：布、剪刀、針、線、珠針

1. 將布裁剪成直徑12公分的圓形。
2. 對齊布表面，並於布背面用珠針固定，接著在內側0.5公分標示出縫分部分，再用平針縫合。
3. 預留下2公分的開口，小心地將整體翻面，接下來再將開口縫合。
4. 最後利用熨斗稍微平整其模樣即可。

part 5. 6:30 pm 輕食三明治

沒什麼胃口，只想要簡單吃些輕食的晚餐時間，
試著準備一盤能喚回身體朝氣的簡易生菜沙拉吧！
只要把現有的新鮮蔬菜淋上沙拉醬，美味的生菜沙拉就這麼完成了！
靈活運用此處介紹的各式沙拉醬和生菜食材，
變化出每天吃都不覺得煩膩的健康沙拉吧！

美味的三明治餐廳

sandwich
salad
pasta
risotto
dessert
dallmayr coffee
hans cake
lunch box

烈日當頭～陽光直射的天氣，總令我想起來回穿梭於暹粒[12]的「Rickshaw[13]」，
當聽到「Rickshaw」的大叔自我介紹名字為「哈哈」時，不禁「哈哈」大笑的我們。
炙熱太陽下，連影子都烤得火熱的那天，
在某家偶然走進的陌生Café裡，品嘗到的清爽沙拉，真是太美味了！

⓬ 柬埔寨首府。 ⓭ Rickshaw:黃包車。

酸甜的泰式沙拉、爽口的瑞可塔乳酪（Ricotta）和美味番茄沙拉

SEESAW

像是隨時等待著我前往一般，
總像是老朋友般熱情歡迎著我的SEESAW。
雖然三明治和義大利麵也很美味，我最喜愛的還是SEESAW的沙拉。
拌著義大利細麵、醬汁一同品嚐的蝦子和新鮮蔬菜，
酸甜口感的泰式沙拉和直接製成的爽口瑞可塔乳酪。
搭配著切片番茄和麵包的瑞可塔乳酪沙拉，
雖是輕食，卻也是營養滿分的一餐！

首爾市鐘路區內需洞72慶熙宮的拱門3園區173號，02-736-0177，am9:30~pm10:00，全年無休
http://www.seesawbistro.com/

Paul & Paulina

每回途經「Paul & Paulina」時，從沒有一次只會從門口單純路過。
義大利拖鞋麵包（Ciabatta）、法國鄉村麵包（Campagne）、香草麵包、黑橄欖麵包、法國長棍麵包…
無論哪一種，都是最好的選擇。「麵包如此美味的祕訣是什麼？」
「只是單純製作我喜愛、以及想與我喜愛的人們共享的麵包。」
啊哈，原來如此，所以才會這麼好吃！
還有什麼會比為自己深愛的人製作的麵包更美味呢？
若想品嘗搭配沙拉享用的麵包
那就毫不猶豫的前往Paul & Paulina吧！

首爾市麻浦區西橋洞344-6號1F，02-333-0185，am12:00~pm6:00，週日公休

在試吃區前，總令人再三苦惱:「今天到底要吃哪一種好？」

義大利拖鞋麵包、黑橄欖麵包、法國長棍形麵包

淋上Balsamic Dressing的布里乳酪胡桃沙拉

胡桃糖搭配被稱為乳酪女王的布里乾酪（Brie Cheese），
最後再淋上濃郁的陳年葡萄酒醋（Balsamic dressing）。
是更勝於主餐，令人垂涎三尺的生菜沙拉。

食　材

布里乾酪100克、芝麻菜（Arugula）及菊苣（Chicory）等沙拉用蔬菜適量
胡桃糖　胡桃100克、蜂蜜2大匙、檸檬汁1/2大匙、鹽1克、杏仁粉1克
陳年葡萄酒醋醬　甜醋濃縮汁1大匙（或陳年葡萄酒醋1大匙+糖1小匙）、橄欖油2大匙、鹽少許

料　理　方　法

1 在胡桃內混入蜂蜜、檸檬汁、鹽和杏仁粉，放進以180度預熱過的烤箱內烘烤8~10分鐘左右。

2 交錯斜切開布里乾酪，以圓心為準切成三角形。

3 充分混合甜醋濃縮汁、橄欖油和鹽，製成陳年葡萄酒醋醬。

4 將芝麻菜和菊苣等沙拉用蔬菜切成便於食用的大小，並盛裝於盤內，再灑上胡桃糖和布里乾酪，最後淋些陳年葡萄酒醋醬就完成了。

美味提醒

甜醋濃縮汁製作方法

材料
陳年葡萄酒醋500毫升
蜂蜜2小匙

1. 將陳年葡萄酒醋倒入鍋中，建議先煮收汁至原先一半左右的量。
2. 加入蜂蜜煮1~2分鐘即可。加入蜂蜜可降低陳年葡萄酒醋的酸味，進而享受到更豐富多元的香味。可先大量製作備用，再靈活搭配作為沙拉醬汁或使用於各式料理中。

搭配Oriental Dressing的烤雞胸沙拉

適合減肥的雞胸肉，隨著料理方法不同所呈現出來的也天差地別，
烘烤過的雞胸肉沙拉，就完全不需顧慮囉！

食　材

雞胸肉2塊
照燒醬1大匙
清酒1大匙
胡椒粉少許
洋蔥1/2顆
番茄1顆
茄子1條

Oriental Dressing

照燒醬1+1/2大匙
橄欖油1大匙
糖1小匙
檸檬汁1顆檸檬的份量（約4大匙）
鹽1/4小匙
胡椒粉少許
青辣椒1/2條
紅辣椒1/2條

料　理　方　法

1　醃製2塊雞胸肉，將雞胸肉淋上照燒醬、清酒、胡椒粉，醃漬約30分鐘。

2　切碎青辣椒和紅辣椒，再將剩餘的Oriental Dressing食材全部加入，充分混合製成醬料。

3　番茄去籽切成長條形，洋蔥切絲，茄子切片，並預先於平底鍋內翻炒過。

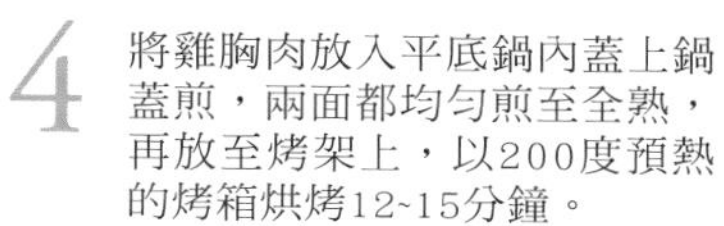

4　將雞胸肉放入平底鍋內蓋上鍋蓋煎，兩面都均勻煎至全熟，再放至烤架上，以200度預熱的烤箱烘烤12~15分鐘。

5　烘烤過的雞胸肉切絲，再與剛才準備好的食材和醬料充分混合，最後放進冰箱冷藏約30分鐘即可食用。

柚子醬烤水果沙拉

陽光和煦的春季，在此時品嘗清爽的沙拉醬汁再適合不過了！
製作好散發柚子清香的醬汁，
再烘烤些自己喜愛的各式水果，
適合春天享用的沙拉就大功告成了！

食　材

柿子2顆、梅子乾（Prune）5顆、杏仁5顆、鳳梨片1塊、香蕉1條、檸檬汁少許、橄欖油少許、沙拉用蔬菜（萵苣、菊苣等）適量

柚子沙拉醬　原味優格90克、柚子醬2大匙、蜂蜜1小匙、橄欖油1/2大匙

料　理　方　法

1 將柿子切成三等份，與梅子乾和杏仁一起塗抹些橄欖油，放置於烤盤或平底鍋上烘烤。

2 將香蕉厚切成片狀，灑些檸檬汁後烘烤，鳳梨也同樣切成和香蕉差不多的大小，均勻翻面烘烤。

3 充分混合優格、柚子醬、蜂蜜和橄欖油。

4 在沙拉盤內盛裝入萵苣和菊苣等蔬菜，接著放入烘烤過的各式水果，最後再淋上沙拉醬即可。

搭配咖哩醬的雞肉沙拉

從印度優格飲料「拉西（Lassi）」中得到靈感後，
製作而成的咖哩醬沙拉。
甜甜辣辣的口感中，隱約散發出一股異國風味的咖哩香。

食　材

雞里肌肉（或雞胸肉）200克
沙拉專用醬料適量
烘烤過的杏仁片少許

咖 哩 醬 料

美乃滋2大匙
原味優格100克
咖哩粉1大匙
蜂蜜1/2大匙
鹽1/4小匙
胡椒粉少許

優 格 醬 料

原味優格50克
蜂蜜1小匙

料 理 方 法

1 將里肌肉放進水中洗淨後，放進電鍋蒸煮或水煮至全熟，再撕成便於食用的大小。

2 充分混合美乃滋、優格、咖哩粉、蜂蜜、鹽和胡椒粉，製成咖哩醬料。

3 為讓里肌肉充分入味，請預先與醬汁充分拌勻備用。

4 在沙拉盤內盛滿蔬菜，加入咖哩雞肉，並灑些杏仁片，最後再淋上優格沙拉醬食用即可。

也可製作成
咖哩雞肉三明治，
充滿飽足感的
一餐。

新鮮羅勒醬料 Caprese

不需特地開火料理，新鮮食材放進口中的瞬間，
感受如同赤腳奔跑於草地上般的暢快！

食　材

番茄2顆
義大利白乾酪1塊
羅勒葉少許

羅勒香蒜醬

羅勒40克
帕瑪森乳酪（或帕達諾乳酪）20克
鹽1/4小匙
花生1小匙
大蒜1瓣
橄欖油150毫升

美味提醒

剩下的羅勒香蒜醬可放置於已用熱水消毒的玻璃瓶內保存。在奶油醬汁義大利麵內滴入少許，香味四溢。

何謂帕瑪森乳酪？

「帕瑪森乳酪」可說是極為熟悉常見的乳酪加工製品，是源自於名為「帕米吉亞諾（Parmigiano-Reggiano）」的高級乳酪，特色是堅實且略帶點鹹味的口感。

料　理　方　法

1 將新鮮的羅勒用清水洗淨後，瀝乾水分後備用。

2 將帕瑪森乳酪削成絲，同時在蔬果機內混入羅勒葉、鹽、花生和大蒜。

3 加入少許橄欖油後啟動蔬果機攪打。

4 將番茄和義大利白乾酪裁切成圓形片狀，與羅勒葉一同盛裝於碗內，最後淋上步驟3的羅勒香蒜醬即可。

蜂蜜芥末醬
乳酪雞肉沙拉

無論在何種場合都備受歡迎的蜂蜜芥末醬，
不管是小朋友的慶生派對，
或是朋友們的聚餐都不能缺席！

食材

雞胸肉2~3塊
牛奶適量
麵粉1/2杯
麵包粉1/2杯
絲狀帕瑪森乳酪1/3杯
雞蛋2顆
植物性沙拉油少許
沙拉專用蔬菜適量
（如嫩葉類蔬菜、菊苣等）
鹽少許
胡椒粉少許

蜂蜜芥末醬

美奶滋3大匙
芥末醬（Mustard）1大匙
蜂蜜1大匙
原味優格2大匙
鹽少許

美味提醒

請試著親手製作麵包粉吧！
將放置一天過後變硬的土司放進烤箱內烘烤，再利用蔬果機或果汁機攪打成粉，會比市售的麵包粉口感更香。

料理方法

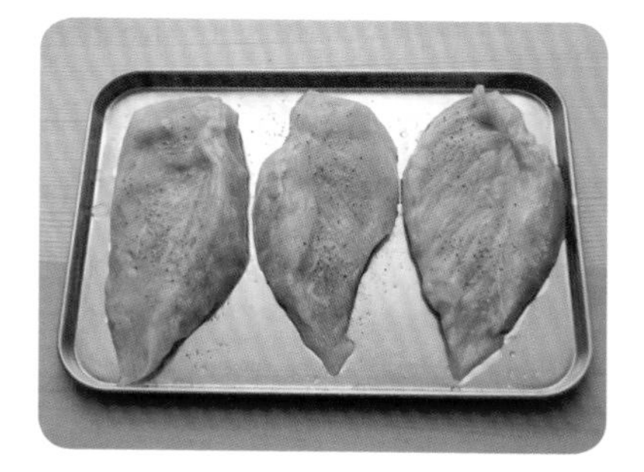

1 將雞胸肉浸泡於牛奶內約30分鐘，洗淨後再些鹽和胡椒調味備用。

2 充分混合麵粉、麵包粉和帕瑪森乳酪。

3 打散2顆雞蛋，先將雞胸肉沾取蛋汁後，再沾步驟2的粉。

4 在鍋內倒入植物性沙拉油，將雞胸肉均勻翻面煎至熟透，可蓋上鍋蓋或鋁箔紙後，開小火煎熟。

5 一次把蜂蜜芥末的所有材料混合製成醬料，接著在盤子上盛裝入蔬菜和雞胸肉，最後再淋上醬汁即可。

自製
瑞可塔乳酪沙拉

能在家親手製作乳酪嗎？ 當然可以，且輕而易舉呢！
嗯～香濃軟嫩的美味。
現在，就試著製作這乳酪中的極品 瑞可塔乳酪（Ricotta）吧！

食　材

瑞可塔乳酪

牛奶1公升
鮮奶油500毫升
檸檬汁4大匙（若無，可用醋2大匙替代）
鹽1/2大匙

蜂蜜檸檬醬

橄欖油3大匙
蜂蜜2大匙
檸檬汁2大匙
鹽少許
沙拉用蔬菜適量
杏仁片少許

料　理　方　法

1 充分的榨出檸檬汁，若無檸檬，可用2大匙的醋代替。

2 在鍋內倒入牛奶、鮮奶油、檸檬汁和鹽，充分攪拌混合後熬煮。

3 煮的過程中請勿攪拌，讓其保持凝結的狀態，大約煮30分鐘左右。

4 在容器上方放上篩子，並用棉布包起步驟3，自然而然就能濾除水氣，再用線將棉布整個綑綁起來後，靜置一天。

5 放置一天過後，結實香濃的乳酪就完成了。

6 將所有蜂蜜檸檬醬的材料一次混合備用。在盤內盛裝蔬菜、杏仁片和乳酪，最後再淋上少許蜂蜜檸檬醬品嘗。

香甜濃稠的焦糖果醬

預先製作些焦糖醬吧！
不僅能塗抹於吐司上，也能搭配著焙果享用品嘗
尤其還能物盡其用地把剩下的鮮奶油用光。

食　材

糖150克、水50克、鮮奶油170克

料　理　方　法

1 先將鮮奶油煮滾。

2 充分的混合糖和水，以小火煮滾。

3 待整體開始變成咖啡色後，一點一點的加入鮮奶油混合，最後再關火。

4 將完成的焦糖盛裝於用熱水消毒過的玻璃瓶中，再放進冰箱冷藏即可。

蒜香美乃滋蛋黃醬

最近人心惶惶的加工食品太多了，
即使是美奶滋也要動手DIY。

食　材

大蒜2瓣、蛋黃2顆、植物性沙拉油200毫升、鹽少許、檸檬1/2顆（檸檬汁2大匙）

料　理　方　法

1 將兩瓣大蒜用刀背壓扁備用。

2 在果汁機內加入蒜瓣、蛋黃、鹽和檸檬汁攪打。

3 將植物性沙拉油分成6~7次加入果汁機內攪打。

4 攪打至能沾附於果汁機的柔滑程度即可。

bonus Part 1

Parandal 造訪過的世界餐廳

西班牙

NAVAS 14
HOTEL
PEPSI
PEPSI

鬥牛、佛朗明哥、畢卡索和高第的國家—西班牙
但對我而言，西班牙是擁有Ferran Adria⓮ 所率領，
被米其林⓯評選為最頂尖餐廳「El Bulli」，傲視群雄的「美味」國度。
在火熱太陽和肥沃土壤下豐沛生長的水果、橄欖油和酒等各項食材！
讓人有著源源不絕的能量，探索不知名的嶄新味覺。

⓮ Ferran Adria:有廚神之稱的西班牙名廚，其開設的El Bulli餐廳常年高踞世界頂尖餐廳榜首。

⓯ Le Guide Michelin。由法國知名輪胎製造商米其林公司所出版的美食評鑑指南。

其中，令我最感好奇的就是早餐的吉拿棒（Churros）和巧克力拿鐵！
這兩種食物真的搭得起來嗎？ 這組合難道不會太過甜膩嗎？
滿腹質疑的我親自品嘗過後，發現這真是絕妙搭配。
尤其是不甜且略帶濃稠的巧克力拿鐵，
更呈現出與我截至目前為止所喝過的熱巧克力，截然不同的新鮮口感。

雖然，在早餐時刻品嘗可頌和一杯cafe con leche
（西班牙文，意為coffee with milk，咖啡拿鐵）就能夠簡便的解決一餐，
但，也請品嘗看看被稱之為Bocadillos的西班牙式三明治吧！
裡頭夾了各式各樣的食材，其中最主要的就是Jamón生火腿
（用鹽醃製的豬後腿肉所製成的火腿，切薄片享用），
若到了西班牙，可千萬不要錯過喔！

Tortilla
加入馬鈴薯、洋蔥和
蛋液製成的西班牙式煎蛋捲，
只要吃個兩三塊便能輕易飽餐一頓。

Sangria
西班牙盛產紅酒，不僅產量多，
其做為基酒的Sangria也頗為著名。
Sangria是一種在紅酒或白酒內，
滿滿的裝入各式水果，
散發出酸酸甜甜口感的可口飲料。

Tapas
Tapas指的是日常的開胃菜、下酒菜或點心，
廣受喜愛，其種類也相當多元。
飢腸轆轆時，搭配一杯汽水或啤酒
就是簡易美味的一餐。

Paella
西班牙的傳統料理Paella(西班牙海鮮飯)
就如同炒飯一般，是常見的日常餐點。
在米飯內加入肉或海鮮製成，對於以米
飯為主食的我們而言，是相當合胃口的
一道餐點。

位於Liceu歌劇院對面的Café de L' Opera，
熱情招待著來訪巴賽隆納這座陌生都市的觀光客們。

http://www.cafeoperabcn.com/

在Café內能見到的早餐中，加泰隆尼亞人[16]最喜愛的餐點是「Pan con Tomate」。
如其名一般是在麵包塗抹上橄欖油和切開後的番茄。
料理過程雖然相當簡易，然而，對於習慣了一般的鹹味、酸味和辣味的我來說，
無非是一項莫大的衝擊。
新鮮的橄欖油，以及熟透的紅番茄上，似乎也就吸取了充沛的陽光。

⑮ 居住於西班牙加泰隆尼亞（Catalonia）自治區的民族，其首府為巴賽隆納。

Parandal 造訪過的世界餐廳

日本

還有哪裡是像日本般，處處充滿著可口、精美點心的國家嗎？
而正如「若真的想要品嘗美味的義大利麵，就前往日本吧！」這句話一樣，
日本似乎擁有著將接收到的外來文化
發揚得更為璀璨的才能。

派專門店、蛋糕捲專門店、杯子蛋糕專門店…
東京的點心Café分類竟如此精細。
此外，每天還源源不絕地誕生與以往創意和新口味不同的嶄新Café。
若你深愛甜美的點心，東京將是不二之選！

Mont St. Clair

由日本點心大賽中脫穎而出得到冠軍的糕點師傅所經營的甜點Café。

人氣餐點為Mont-Blanc和C'est la vie等。

http://www.ms-clair.co.jp/

在fairycake fair
販賣覆盆莓、奶茶和Cio Caramel等
各式多元口味的杯子蛋糕

fairycake fair
販賣覆盆莓、奶茶和Cio Caramel等
各式多元口味的杯子蛋糕
http://www.fairycake.jp/

自由が丘ロール屋 (Jiyugaoka Rollya)
這是一家位於自由之丘的蛋糕捲專門店，
店內的招牌和把手全都圓滾滾，呈現出蛋糕捲的模樣
http://www.jiyugaoka-rollya.jp/

百貨公司地下賣場
日本百貨公司的地下賣場是甜品的天堂！
在品嘗前，雙眼早已迷醉在眼前的繽紛甜點世界。

MR.FRIENDLY

若想要前往漂亮的Café，當然就不能錯過自由之丘和代官山。
到代官山，便能見到MR.FRIENDLY餐廳。
見到MR.FRIENDLY模樣的可愛鬆餅，誰忍心一口吃下肚呢？
一口咬下 唰～
Sorry！ MR.FRIENDLY！

http://www.mrfriendly.jp/main/02_shop/index.html

OPEN
SUNDAE
CREPE&SOFT CREAM
STRAWBERRY
¥550
DRINK SET
+¥300
TAX INCLUDED
DRINK
SOFT CREAM
vanilla
chocolate
¥350
ICE COFFEE
CAFE LATTE
CAFE MOCHA
CARAMEL LATTE
ORGANIC MILK
MATCHA MILK
PERRIER

QUIL-FAIT-BON

每次到日本，必定會光顧的QUIL-FAIT-BON
是點心塔（tart）專賣店Café，店內有草莓塔、無花果塔和藍莓塔等各式各樣的美味塔餅，門庭若市，至少必須等待30~40分鐘以上，但只要坐在Café店內品嘗著甜點塔，就會讓人像是來到了童話國度般，等待的疲憊感瞬間消失殆盡。

http://www.quil-fait-bon.com/

bonus Part 2

用200%的創意運用書中食譜

在獨特的日子呈現出別具心裁的料理

• 與友人閒聊的早午餐聚會

法國洋蔥濃湯

+

培根薔薇義大利麵

+

羅勒醬

+

覆盆子雞尾酒

• 為孩子們所舉辦的同樂會

南瓜濃湯

+

自製漢堡

+

蜂蜜芥末醬乳酪
雞肉沙拉

+

優格雪酪

• 與心愛的另一半甜蜜度過的浪漫餐會

鮮蝦蔬菜粥

+

醬油年糕

+

瑞可塔乳酪沙拉

+

義式咖啡冰沙

• 全家大小一同共享的家庭聚餐聚會

蛤蜊巧達湯

+

帕尼尼烤肉三明治

+

柚子醬烤水果沙拉

+

橙茶

• 為貴客籌劃的獨特家庭宴會

陳年葡萄酒酌
洋菇Crostrini

+

泰式黃咖哩鮮蝦餐

+

葡萄酒醋烤雞肉
沙拉

+

藍莓乳酪蛋糕

+

桑格麗亞水果酒

bonus Part 3

早午餐餐廳推薦

在週末享用一頓Brunch吧！

the Diner 樂子

吃早餐就該找點「樂子」

為了讓工作繁忙的現代人，能在隨時隨地享用營養健康的美式早點，特別將傳統美式料理原裝帶進台灣市場，秉持手工現做、新鮮供應的服務準則，無論是週末假日想要晚起的饕客或是日夜顛倒的夜貓族，都能在任何用餐時間，享用豐盛美味的早餐。

主廚推薦！

酪梨蝦仁班尼迪克蛋　320元

使用新鮮有機蛋，在溫水中煮至半熟，放上烘烤過的英式馬芬再加上新鮮酪梨、清炒蝦仁、蕃茄，最後淋上招牌特製的荷蘭醬，吃的時候金黃色的蛋汁流出，滿口濃郁的滋味，令人回味無窮！

主廚推薦！

法式土司早餐　240元

沾滿濃濃蛋汁的法式吐司，灑上糖粉，奶油及楓糖漿微微化開。搭配有機蛋、火腿及炒薯塊，幸福滋味湧上心頭。

主廚推薦！

鮮果美式煎餅　220元

奶香味十足的美式鬆餅煎至外金黃內鬆軟，搭配多種新鮮水果，淋上特製糖漿，層次豐富，讓人一整天充滿了活力。

SHOP INFO.

- **瑞安店** | 02-2700-1680
  台北市大安區瑞安街145號1樓
- **敦和店** | 02-2754-1680
  台北市敦化南路2段103巷6號
- **信義店**(2011年10月開幕) | 02-7737-5055
  台北市信義區松壽路12號
- **樂子咖啡** | 02-2764-1680
  台北市信義區基隆路1段147巷5弄2號1樓

營業時間：09:00~23:00

＊各分店皆有些許不同，以分店公告為主

網址：www.thediner.com.tw

L´IDIOT 驢子餐廳

令味蕾驚喜的Brunch料理

走進L´IDIOT，色彩繽紛的馬賽克磁磚拼貼出海洋波浪與燃燒火燄，預告一場視覺與味覺的饗宴。我們提供別出心裁的早午餐料理：蛋捲：蛋捲、蛋堡、鹹塔、鬆餅等豐富選擇廣受饕客歡迎。由主廚Fudy Chen領導的創意團隊，以獨有的巧思料理出專屬於L´IDIOT的美味，是三五好友談天論地，無拘無束歡度愜意時光的最佳選擇！

SHOP INFO.

地址：台北市民生東路三段156號

電話：02-2545-6966

營業時間：週一至週五 11:30~14:30（中午時段）
17:30~22:00（晚間時段）
週末及例假日 10:00~22:00

網址：www.lidiotrestaurant.com

主廚推薦！

- 英式蛋堡 300元
- 西班牙鹹塔 350元
- 鬆餅冰淇淋三明治塔 320元

※菜色與價格依店內公告為主

Second Floor Cafe 貳樓餐廳

笑容與絕佳的服務，營造出舒適溫馨的用餐環境

週末假日，懶洋洋睡到中午，來到與喧鬧城市隔絕的「Second Floor Cafe 貳樓餐館」，大片玻璃窗灑落的陽光、吧台上整齊擺放的各式餐具、暖調的原木傢俱與空間設計，散發出自然的樸實感。服務人員帶著親切的笑容迎接，活力十足，翻開MENU更是每樣都好想品嘗，是個適合和朋友家人共度悠享時光的好地方！

主廚推薦！ 草莓 vs. 香蕉煎餅塔 280元

※圖片來源：Second Floor Cafe官網

SHOP INFO.

敦南店 | 02-2700-9855 | 台北市敦化南路二段63巷14號

公館店 | 02-2364-1666 | 台北市羅斯福路三段316巷9弄7號

內湖店 | 02-2659-2058 | 台北市內湖區洲子街73-1號

營業時間：週一至週四 11:00 ~ 23:00
週五至六 08:00 ~ 24:00（週日至23:00）

網址：www.secondfloorcafe.com

主廚推薦！ 法式牛排早午餐 350元

N.Y. BAGELS CAFE

創意滿點的貝果料理

堅持「進口食材」、「現場製作」、「餐點多樣化」，提供多樣化的餐點選擇，能滿足每一位顧客的喜好，馬鈴薯炭烤嫩肩牛排三明治、墨西哥奇波布利起司碳烤雞肉三明治、地中海鮪魚沙拉三明治、紐約布丁吐司..等，都是您不可錯過的選擇。時尚與環保概念結合的門市裝潢，是朋友家人相聚用餐的好地點。

SHOP INFO.

仁愛店24H | 台北市仁愛路4段147號 | 02-2752-1669

信義店 | 台北市信義路5段122號 | 02-2723-7977

內湖店 | 台北市內湖路1段306號 | 02-2627-2886

京站店 | 台北市承德路1段1號1樓 | 02-2552-6880（不開放訂位）

板橋店 | 新北市板橋區縣民大道2段7號2樓 | 02-8969-1669

阪急店 | 台北市信義區忠孝東路5段8號2樓 | 02-2723-2767

營業時間：各分店不同，請參考官網所示

網址：www.nybagelscafe.com

主廚推薦！

草莓天堂紐約布丁吐司　360元

新鮮的草莓配上微酸的果醬，灑上雪白糖霜的紐約布丁土司，再配上一大球香草冰淇淋，多層次的口感與可愛的外型，相當深受女性喜愛！

主廚推薦！

鮭魚班尼迪克蛋早餐　295元

燻製鮭魚與半熟的水波蛋，搭配主廚特製的荷蘭醬，濃郁的蛋汁令人難忘，記得要搭配麵包一起享用喔！

主廚推薦！

馬鈴薯醃牛肉組合早餐　315元

全天候的早午餐料理供應，不管是太陽蛋或是炒蛋，貝果或土司，搭配碎馬鈴薯的牛肉，濃郁的美味100分。

Omelet to go 吃蛋吧

平價輕食料理，多種蛋料理的好選擇

就像店名一樣，吃蛋吧！約有十多種各式蛋捲口味，洋蔥磨菇蛋捲、義式蔬菜蛋捲…其特色在於香脆的表皮、軟嫩的內餡再淋上自製醬汁，口感一級棒，除了西式風味的Omelets外，也有亞洲口味的蛋包飯、墨西哥捲餅等。不收取服務費，採取半自助式點餐。

SHOP INFO.

地址：台北市光復南路473巷11弄40號 | **電話**：02-2720-8782

營業時間：週一至週五 11:30~14:30（中午時段）| 17:30~21:30（晚間時段）| 週末及例假日 09:00~17:00

主廚推薦！

義大利蔬菜蛋捲　110元

充滿蔬菜、起司香的內餡在口中化開，口感十分濃醇，也帶點爽口。

請沿虛線剪下

Brunch Coupon

讀者專屬優惠

憑此券至樂子餐廳
點用任一主餐

可享**95**折優惠

優惠日期至100年12月20日止
每桌每次限用乙張，影印無效

本券使用說明

優惠日期至100年12月20日止。
每桌每次限用乙張，不得與其他優惠併用，本卷影印無效。
此卷為《Café Brunch星期天的料理時光》購書專屬優惠活動，樂子餐廳保有異動權利。

請沿虛線剪下

憑此券點任一口味
紐約布丁吐司

即贈送 **拿鐵咖啡** 一杯

優惠日期至100年11月30日止
每人每次限用乙張，影印無效

本券使用說明

優惠日期至100年11月30日止。
每人每次限用乙張，不得與其他優惠併用，本卷影印無效。
此卷為《Café Brunch星期天的料理時光》購書專屬優惠活動，N.Y. BAGELS CAFE 保有異動權利。

✂ 請延虛線剪下

the Diner 樂子

www.thediner.com.tw

- 瑞安店 | 02-2700-1680
  台北市大安區瑞安路145號1樓
- 敦和店 | 02-2754-1680
  台北市敦化南路2段103巷6號
- 信義店 (2011年10月開幕) | 02-7737-5055
  台北市信義區松壽路12號
- 樂子咖啡 | 02-2764-1680
  台北市信義區基隆路1段147巷5弄2號1樓

本券使用說明

優惠日期至100年12月20日止。
每桌每次限用乙張，不得與其他優惠併用，本卷影印無效。
此卷為《Café Brunch星期天的料理時光》購書專屬優惠活動，樂子餐廳保有異動權利。

dp 悅知文化 Delight Press 立即上網加入會員，享受知識的愉悅！
www.delightpress.com.tw

請延虛線剪

Brunch Coupon

讀者專屬優惠

✂ 請延虛線剪下

N.Y. BAGELS CAFE

www.nybagelscafe.com

仁愛店24H | 台北市仁愛路4段147號 | 02-2752-1669
信義店 | 台北市信義路5段122號 | 02-2723-7977
內湖店 | 台北市內湖路1段306號 | 02-2627-2886
京站店 | 台北市承德路1段1號1樓 | 02-2552-6880
板橋店 | 新北市板橋區縣民大道2段7號2樓 | 02-8969-1669
阪急店 | 台北市信義區忠孝東路5段8號2樓 | 02-2723-2767

本券使用說明

優惠日期至100年11月30日止。
每人每次限用乙張，不得與其他優惠併用，本卷影印無效。
此卷為《Café Brunch星期天的料理時光》購書專屬優惠活動，N.Y. BAGELS CAFE 保有異動權利。

dp 悅知文化 Delight Press 立即上網加入會員，享受知識的愉悅！
www.delightpress.com.tw

請延虛線剪